VERSUS

Dr. oec. HSG Michael Käppeli

Betriebswirtschaft und Unternehmensführung

Unternehmerisches Denken und Handeln

3., aktualisierte Auflage

Versus · Zürich

Die Entwicklung dieses Lehrbuchs wurde mit Mitteln der Ernst Schmidheiny Stiftung gefördert. Verlag und Autor bedanken sich herzlich für die grosszügige Unterstützung.
www.esst.ch

Bibliografische Information der Deutschen Nationalbibliothek

Die Deutsche Nationalbibliothek verzeichnet diese Publikation in der Deutschen Nationalbibliografie; detaillierte bibliografische Daten sind im Internet über http://dnb.dnb.de abrufbar.

Weitere Informationen zu Büchern aus dem Versus Verlag unter
www.versus.ch

Satz und Herstellung: Versus Verlag · Zürich
Druck: Comunecazione · Bra
Printed in Italy

ISBN 978-3-03909-280-2

Geleitwort des Herausgebers

Mit dem Eintritt in das Erwachsenenalter sehen sich junge Menschen mit vielen Fragen konfrontiert, für deren Beantwortung sie über ökonomisches Handwerkszeug verfügen müssen: sei es der Abschluss von nötig werdenden Versicherungen und sonstigen Verträgen, sei es der eigenverantwortliche Umgang mit dem ersten Lohn oder einer Kreditkarte. Nicht zuletzt auch die politische Beteiligung an der Urne erfordert von mündigen Bürgern einiges an wirtschaftlichem Basiswissen.

Wirtschaftsbürgerliche Kompetenzen ergeben sich nicht von selbst. Ohne eine frühe und kompetente Auseinandersetzung mit wirtschaftlichen Zusammenhängen erlangen die jungen Menschen meist erst im Erwachsenenalter eine gewisse wirtschaftliche Reife. Eine Gesellschaft, die ihren Bildungsauftrag ernst nimmt, muss daher alles daran setzen, dass die Schule die junge Generation auch wirtschaftlich bildet. Eine aufgeklärte Bevölkerung ist ein zentraler Erfolgsfaktor für die Zukunftsfähigkeit einer Gesellschaft.

Ernst Schmidheiny Stiftung

Lehrkonzepte

Die Ernst Schmidheiny Stiftung engagiert sich seit über 40 Jahren für die Förderung des Interesses und des Verständnisses für wirtschaftliche Zusammenhänge. Zu diesem Zweck hat die Stiftung mehrere, computergestützte Lehrkonzepte entwickelt. Die Kernaktivität bilden nach wie vor die beliebten Wirtschaftswochen an Gymnasien, Berufsfachschulen und Hochschulen, in denen die jungen Menschen selber erleben, wie ein

Unternehmen arbeitet und geführt wird. Am praktischen Beispiel lernen sie ökonomische Grundbegriffe wie Bilanz, Erfolgs- und Mittelflussrechnung verstehen und gewinnen einen Einblick in die Führungskomplexität eines Unternehmens. Besonderes Augenmerk gilt dabei der Verpflichtung auf eine nachhaltige, verantwortungsbewusste Führung. Neben der Triple Bottom Line – also ökologische, ökonomische und soziale Faktoren nachhaltig im Einklang – sind es auch ethische Aspekte, die behandelt werden. Der Praxisbezug wird dabei zusätzlich von erfahrenen Führungskräften aus allen Branchen der schweizerischen Wirtschaft sichergestellt.

Lehrmittel Betriebswirtschaft und Unternehmensführung

Das vorliegende Lehrmittel, das auch als elektronische Version verfügbar ist, dient der Ergänzung und Anreicherung der verschiedenen Lehrkonzepte der Stiftung. Es kann sowohl im kombinierten Einsatz mit einem der betriebswirtschaftlichen Planspiele als auch als eigenständiges Lehrmittel zur systematischen Auseinandersetzung mit grundlegenden Fragen der Betriebswirtschaft und Unternehmensführung genutzt werden.

Viel Spass bei der Lektüre und wertvolle Einblicke in die faszinierende Welt der wertorientierten und nachhaltigen Unternehmensführung wünscht Ihnen

Kaspar E. A. Wenger
Präsident des Stiftungsrates Ernst Schmidheiny Stiftung

Vorwort

«Die Dinge sollten so einfach wie möglich,
aber nicht noch einfacher gemacht werden.» Albert Einstein

Wertorientierte Unternehmensführung

Das vorliegende Lehrmittel dient einer ersten Einführung in die Grundlagen erfolgreicher und wertorientierter Unternehmensführung. Es soll das Verständnis für zentrale betriebswirtschaftliche Zusammenhänge fördern und das Interesse für unternehmerisches Denken und Handeln wecken. Zudem soll es Interessierten einen Überblick über die vielfältigen Aspekte der Gründung und Führung eines Unternehmens vermitteln und zentrale Begriffe, Konzepte und Theorien der Betriebswirtschaft und Unternehmensführung anschaulich und verständlich erklären.

Gesamtüberblick

Das Lehrbuch ist so verfasst, dass es speziell für Leserinnen und Leser geeignet ist, die sich erstmals systematisch und praxisnah mit Fragen der Betriebswirtschaft und Unternehmensführung beschäftigen. Das Buch ist zu diesem Zweck so aufgebaut, dass es nach einem einleitenden Gesamtüberblick zunächst an zentrale Ursache-Wirkungs-Zusammenhänge erfolgreicher Unternehmensführung heranführt und anschliessend darauf aufbauend auf die wesentlichen Kerngedanken und -aufgaben der strategischen, finanziellen, kunden-, prozess- und mitarbeiterorientierten Unternehmensführung eingeht. Das didaktische Konzept des Buches bedingt dabei, dass der eine oder andere betriebswirtschaftliche Grundgedanke aus unterschiedlichen Blickwinkeln beleuchtet und damit mehr als einmal aufgegriffen wird. Dennoch sind die Ausführungen in allen Kapiteln kompakt gehalten, um jederzeit den Blick auf das Wesentliche zu fokussieren.

Dank

Das vorliegende Lehrmittel entstand dank der Initiative und grosszügigen finanziellen Unterstützung durch die Ernst Schmidheiny Stiftung. Dafür bedanke ich mich bei der Stiftung sowie insbesondere bei Dr. h.c. Thomas Schmidheiny ganz herzlich. Ebenfalls bedanken möchte ich mich bei Prof. Dr. Roland Waibel, Leiter des Instituts für Unternehmensführung an der Fachhochschule St. Gallen, sowie bei Hansjörg Brunner, Prof. Dr. Hans Götsch, Dr. Jürg Meili und Claude Schoch von der Ernst Schmidheiny Stiftung für die konzeptionelle Mitwirkung und aktive Begleitung bei der Lehrmittelentwicklung. Gleichermassen bedanken möchte ich mich auch beim Team des Versus Verlags für das sorgfältige Lektorat und die attraktive grafische Gestaltung des Lehrmittels sowie bei meiner Frau und meinen Kindern für die zahlreich gewährten Stunden zur Erstellung dieses Buches.

Dr. Michael Käppeli

Inhaltsverzeichnis

Kapitel 1

Das Unternehmen als Teil von Wirtschaft und Gesellschaft

«Die grossen Erfolge beginnen dort, wo man sich auch vor der kleinen Verantwortung nicht drückt.» Hermann Neuberger

Mensch und Wirtschaft

Jeder Mensch ist auf vielfältige Weise von wirtschaftlichen Geschehnissen und Entwicklungen betroffen. Ob selbständiger Unternehmer, Arbeitnehmer, Konsument etc., niemand kann sich den Einflüssen von Unternehmen auf unsere Wirtschaft und Gesellschaft entziehen. Unternehmen prägen unser Leben. Daher sollte jeder wissen, was sie sind, welche Bedeutung sie im wirtschaftlichen und gesellschaftlichen Umfeld besitzen, welche Ziele sie verfolgen und wie sie funktionieren.

Das vorliegende Einleitungskapitel fokussiert auf eine knappe Gesamtschau zur Vermittlung eines Überblicks- und Grundlagenwissens. Dieses Wissen bildet die Basis zum Verständnis der folgenden Kapitel und damit der erfolgreichen Gründung und Führung eines Unternehmens.

1.1 Das Unternehmen im gesamtwirtschaftlichen Umfeld

Unternehmen und Umfeld

Jedes Unternehmen ist in ein gesamtwirtschaftliches Umfeld eingebettet. Als Bestandteil einer volkswirtschaftlichen Versorgungs- bzw. Wertschöpfungskette leistet es einen Beitrag, um Wohlstand und andere wirtschaftliche und gesellschaftliche Vorteile zu schaffen, zu erhalten und zu vergrössern. Ein gut geführtes Unternehmen, dessen Führungskräfte sich sowohl ihrer unternehmerischen als auch ihrer gesellschaftlichen Verantwortung bewusst sind, ist damit niemals Selbstzweck und auch niemals ausschliesslich auf die Maximierung des Gewinnes ausgerichtet. Es dient vielmehr stets dem Menschen, und zwar einerseits, indem es nützliche Produkte herstellt und Dienstleistungen anbietet, mit denen menschliche Bedürfnisse befriedigt werden. Andererseits verschaffen Unternehmen den Menschen Arbeit und damit auch notwendige Einkünfte, mit denen sich diese die gewünschten Produkte und Dienstleistungen kaufen können.

Volkswirtschaftliche Wertschöpfungskette

Die volkswirtschaftliche Wertschöpfungskette besteht aus einer Reihe verschiedener Unternehmen, die koordiniert und in einer logischen Reihenfolge zusammenarbeiten, um Güter herzustellen und zum Endkunden auf den Absatzmarkt zu bringen (▶ Abb. 1-1). Als wertschöpfend wird diese Prozessfolge deshalb bezeichnet, weil bei jedem Schritt entlang des gesamten Prozesses der Nutzen für die Abnehmer und damit der Marktwert von Gütern für die nächste Wertschöpfungsstufe steigen soll. Schafft ein Unternehmen entlang der volkswirtschaftlichen Wertschöpfungskette keinen Mehrwert, sprich stiftet es keinen eigenen spezifischen Nutzen, wird es keine Gewinne erzielen und damit auf Dauer in einem marktwirtschaftlichen Wirtschaftssystem nicht bestehen können.

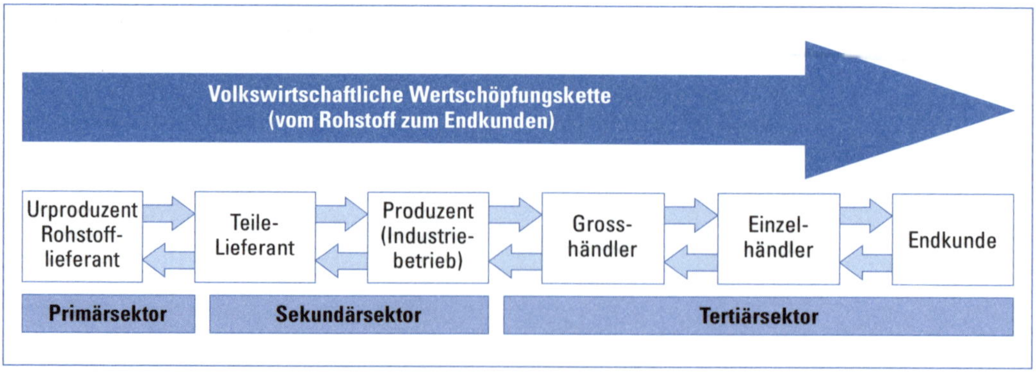

▲ Abb. 1-1 Volkswirtschaftliche Wertschöpfungskette

Wertschöpfung und Produktionsfaktoren

Wie ◀ Abb. 1-1 zeigt, entstehen Produkte und Dienstleistungen in Prozessen, an denen bis zur Auslieferung an den Endkunden in der Regel mehrere Unternehmen (Industrie- und Dienstleistungsbetriebe) beteiligt sind. Alle diese an der Wertschöpfung innerhalb einer bestimmten Branche beteiligten Unternehmen verwandeln die Produktionsfaktoren (Rohstoffe, Arbeit, Kapital, Wissen) schrittweise

- von der Urproduktion (primärer Sektor: Land- und Forstwirtschaft, Fischerei, Bergbau)
- über die verarbeitende Wirtschaft (sekundärer Sektor: Handwerk, Gewerbe, Industrie)
- bis hin zur Dienstleistung (tertiärer Sektor: Handelsfirmen, Transportunternehmen, Banken und Versicherungen, Treuhand, übrige Dienstleistungen, öffentliche Dienste etc.).

Beispiele

Einige Beispiele sollen den volkswirtschaftlichen Wertschöpfungsprozess, an dem jeweils Unternehmen unterschiedlicher Wirtschaftssektoren beteiligt sind, veranschaulichen:

Automobilindustrie

- Für die Automobilindustrie beginnt der Wertschöpfungsprozess im Bergbau. In Kohlegruben wird Kohle aus der Erde geholt und an ein Stahlwerk verkauft. Dieses Stahlwerk stellt aus Kohle und Eisen Stahl her, zum Beispiel in Form von Stahlstreben, welche an einen Automobilzulieferer verkauft werden, der sie zu einem Karosserieteil verarbeitet. Dieses Karosserieteil verkauft der Automobilzulieferer sodann an einen Autohersteller, der es mit anderen Bauteilen zu einem Auto zusammensetzt. Dieses Auto wird durch ein Transportunternehmen an einen Händler geliefert, der es letztlich an den Endkunden verkauft.

Lebensmittelindustrie

- Ebenfalls mehrere Akteure sind in der Lebensmittelindustrie an der Herstellung und am Vertrieb von Milchprodukten oder von Fleischwaren beteiligt. Am Anfang der Wertschöpfungskette steht der landwirtschaftliche Betrieb mit seiner Viehzucht. Die aus der Viehzucht gewonnene Milch liefert der Bauer der Molkerei, wo die Milch zu Joghurt, Käse etc. verarbeitet wird. Diese Produkte gelangen anschliessend über den Grosshandel in den Einzelhandel und von dort zum Konsumenten.

Musikindustrie

- Nicht immer sind Rohstoffe Ausgangspunkt einer volkswirtschaftlichen Wertschöpfungskette. In der Musikindustrie sind beispielsweise Künstler und deren kreatives Wissen und Können der Ausgangspunkt der Wertschöpfungskette. Sie komponieren Musikstücke, welche sie dann zusammen mit Musikern in Tonstudios aufnehmen, physisch in Presswerken als CDs produzieren, zusammen mit Plattenfirmen und

Musikverlagen vermarkten und schliesslich über verschiedene Vertriebskanäle (z.B. Musikläden, Downloadplattformen im Internet) an die Endkunden vertreiben.

Vielfältige Formen der Kooperation

Die Zusammenarbeit zwischen den einzelnen Unternehmen, die am volkswirtschaftlichen Wertschöpfungsprozess beteiligt sind, kann ganz unterschiedliche Ausprägungen annehmen. Von der losen, einzelfallweisen Zusammenarbeit bis hin zum Zusammenschluss zweier Unternehmen (Fusion) sind vielfältige Formen der Kooperation möglich.

1.2 Das Unternehmen als Wirtschaftseinheit

Unternehmen

Ein Unternehmen ist also – egal, ob als Einzelunternehmen, wie beispielsweise eine kleine Bäckerei, oder als Weltkonzern in der Pharmaindustrie – Bestandteil einer übergeordneten volkswirtschaftlichen Wertschöpfungskette. Alles, was wir konsumieren, Lebensmittel, Musik etc., gelangt mittels einer Kette von Leistungserzeugern zu uns. Ein erfolgreiches Unternehmen spezialisiert sich nun entlang der volkswirtschaftlichen Wertschöpfungskette auf diejenige(n) Aktivität(en), welche es besonders gut, sprich besser als die Konkurrenz, beherrscht. Dabei tritt jedes Unternehmen als Wirtschaftseinheit entlang der volkswirtschaftlichen Wertschöpfungskette sowohl als Nachfrager als auch als Anbieter auf.

Nachfrager von Produktionsfaktoren (auf dem Beschaffungsmarkt)

- Als Nachfrager versorgt sich ein Unternehmen auf den Beschaffungsmärkten bei den Lieferanten (als vorgelagerte Wirtschaftseinheiten) mit den notwendigen Produktionsfaktoren bzw. Betriebsmitteln. Es beschafft sich ausreichende Finanzen, qualifiziertes Personal, angemessene Räumlichkeiten und Anlagen, produktionsnotwendige Rohstoffe, bedarfsgerechtes Material und – nicht zu vergessen – die für die Unternehmenstätigkeit notwendigen Informationen.

Anbieter von Marktleistungen (auf dem Absatzmarkt)

- Als Anbieter veräussert ein Unternehmen auf den Absatzmärkten seine Marktleistungen zu einem attraktiven Preis-Leistungs-Verhältnis. Ein attraktives Preis-Leistungs-Verhältnis für Kunden liegt vor, wenn das Unternehmen im Vergleich zur Konkurrenz entweder ein gleichwertiges Produkt bzw. eine gleichwertige Dienstleistung zu einem geringeren Preis oder zu einem gegebenen Preis eine qualitativ bessere Leistung erbringen kann.

Ein Unternehmen nimmt also, wie ▶ Abb. 1-2 zeigt, einerseits als Nachfrager nach Produktionsfaktoren aus der Umwelt Ressourcen auf, ver-

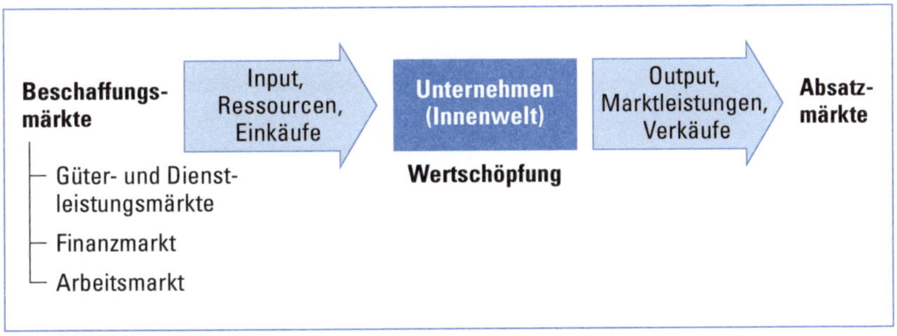

▲ Abb. 1-2 Das Unternehmen zwischen Beschaffungs- und Absatzmarkt

arbeitet diese wertschöpfend in Leistungen und gibt sie als Anbieter von Produkten und Dienstleistungen wieder an die Umwelt ab. Damit lassen sich bei der Betrachtung von Unternehmen – zumindest modellhaft – zwei «Welten» unterscheiden, die im Folgenden für eine einleitende Gesamtübersicht noch näher zu beschreiben sind: die Innenwelt des Unternehmens (betrieblicher Wertschöpfungsprozess) und die Aussenwelt des Unternehmens (Umweltsphären und Anspruchsgruppen).

1.3 Innenwelt eines Unternehmens

Betrieblicher Wertschöpfungsprozess

Zwischen der Beschaffung von Produktionsmitteln und der Veräusserung der Produkte und Dienstleistungen auf dem Absatzmarkt findet der eigentliche betriebliche Wertschöpfungsprozess statt. Durch eine zielgerichtete Kombination der Produktionsfaktoren werden diese in einem Transformationsprozess zu marktfertigen Produkten bzw. Dienstleistungen verarbeitet. Die vom Lieferanten gelieferte Kakaobohne wird so beispielsweise durch die Verarbeitung mit anderen Rohstoffen zu Schokolade, die der Kunde geniessen kann. Gesteuert wird dieser betriebliche Wertschöpfungsprozess durch einen systematischen Management- und Führungsprozess (▶ Abb. 1-3).

Führung und Organisation

Die Gestaltung des betrieblichen Geschehens von der Beschaffung über die Produktion bis hin zum Absatz sollte in einem Unternehmen so organisiert sein, dass die einzelnen Prozesse der Leistungserstellung möglichst schlank abgewickelt werden. Das Ziel ist dabei, mit möglichst geringen Kosten eine qualitativ hochwertige Marktleistung (Produkt bzw. Dienstleistung) zu erbringen, welche zur richtigen Zeit in der richtigen Menge am richtigen Ort ist.

Organisatorisch verantwortlich für die effektive und effiziente Gestaltung des betrieblichen Wertschöpfungsprozesses sind im Unternehmen

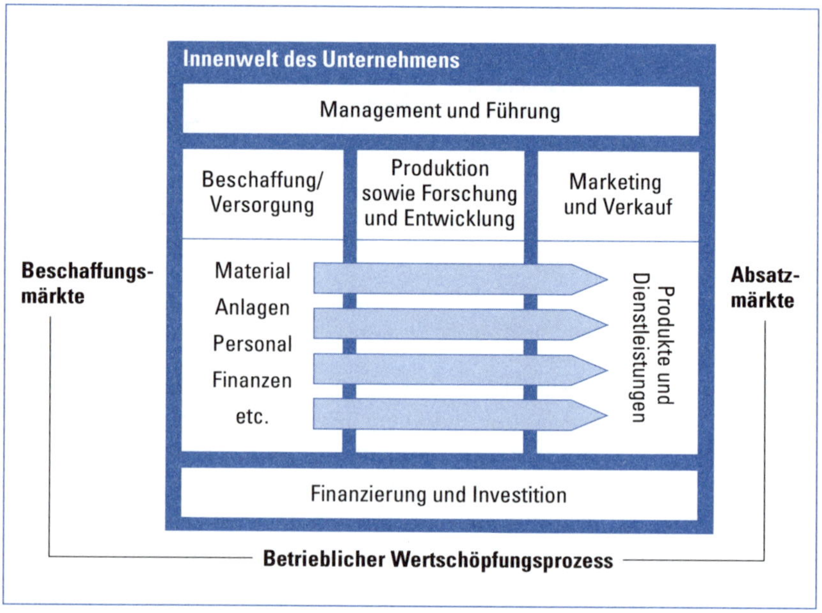

▲ Abb. 1-3 Innenwelt des Unternehmens: betrieblicher Wertschöpfungsprozess

die einzelnen Organisationseinheiten bzw. Funktionsbereiche wie die Einkaufsabteilung, die Forschungs- und Entwicklungsabteilung, die Produktions- oder die Marketing- und Verkaufsabteilung. Dabei ist wichtig, dass die einzelnen Abteilungen, welche eine spezifische Teilprozessverantwortung im Rahmen des betrieblichen Wertschöpfungsprozesses tragen, gut miteinander zusammenarbeiten und ihre Aktivitäten sorgfältig aufeinander abstimmen.

Abstimmung der Aktivitäten

1.4 Aussenwelt eines Unternehmens

Gerade weil ein Unternehmen und damit verbunden der betriebliche Wertschöpfungsprozess in eine übergeordnete volkswirtschaftliche Wertschöpfungskette eingebettet ist, unterhält es zwangsläufig zahlreiche Aussenbeziehungen zu den relevanten Märkten (Kapital-, Arbeits-, Beschaffungs-, Absatzmarkt etc.) und den verschiedenen Anspruchsgruppen (Stakeholders). Das Management eines Unternehmens muss sich deshalb immer wieder fragen, wie es seine Beziehungen zur Aussenwelt (Wirtschaft, Politik, Gesellschaft) gestalten will, um den unternehmerischen Erfolg auf längere Zeit hin zu optimieren. Diese Aussenbeziehungen eines

Aussenbeziehungen

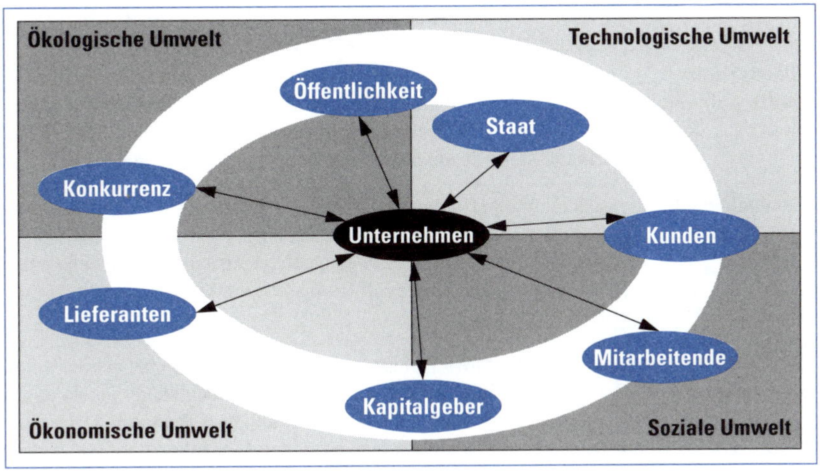

▲ Abb. 1-4 Aussenwelt des Unternehmens: Umweltsphären und Anspruchsgruppen

Unternehmens mit seiner Einbettung in verschiedene Umweltsphären und seinen Kontakten mit den Anspruchsgruppen lassen sich modellhaft wie in ◀ Abb. 1-4 darstellen.

Umweltsphären und Anspruchsgruppen

Zwischen der Aussenwelt des Unternehmens und dem Unternehmen selbst bestehen vielfältige Wechselbeziehungen. Wer erfolgreich unternehmerisch tätig sein will, der beschäftigt sich deshalb nicht nur mit der Gestaltung effektiver und effizienter Wertschöpfungsprozesse innerhalb des Unternehmens. Er beobachtet in Abhängigkeit von der Branche und den eigenen Tätigkeitsschwerpunkten auch laufend die gesellschaftlichen Strömungen und analysiert sorgfältig die wirtschaftlichen, technologischen und ökologischen Entwicklungen ausserhalb des Unternehmens. Dies geschieht mit dem Ziel, die unternehmerischen Entscheide und Handlungen stets mit den aktuellen Zuständen und Entwicklungstendenzen in den verschiedenen Umweltsphären sowie den Erwartungen der einzelnen Anspruchsgruppen an das Unternehmen abzustimmen.

1.4.1 Umweltsphären

Vier Umweltsphären

Wie ◀ Abb. 1-4 zeigt, lässt sich die Aussenwelt des Unternehmens in eine ökonomische, technologische, soziale und ökologische Umweltsphäre unterteilen. Jede dieser vier Umweltsphären umfasst gemäss ▶ Abb. 1-5 spezifische Beobachtungsbereiche.

Die Unterteilung in die vier Umweltsphären dient der Unternehmensführung als Strukturierungshilfe zur Beobachtung und Analyse erfolgs-

Umweltsphäre	Beobachtungsbereiche
Ökonomische (wirtschaftliche) Umweltsphäre	Die ökonomische Umweltsphäre umfasst die volkswirtschaftlichen Rahmenbedingungen für ein Unternehmen. Problemkreise wie beispielsweise die konjunkturelle Entwicklung der Wirtschaft, Arbeitsmarktentwicklungen, Teuerung oder die Wirtschaftsbeziehungen zum Ausland sowie die Konkurrenzsituation gehören zu dieser Umweltsphäre.
Technologische Umweltsphäre	Die technologische Umweltsphäre umfasst alles, was in die Bereiche der Technik und der Naturwissenschaften fällt. Sie bildet die materielle Grundlage der wirtschaftlichen Tätigkeit. Problemkreise wie beispielsweise die Entwicklung neuer Produktionsverfahren, Materialien oder auch Transport- und Kommunikationsmittel gehören zu dieser Umweltsphäre.
Soziale Umweltsphäre	Die soziale Umweltsphäre betrifft den Menschen mit seinen Wünschen und Wertvorstellungen als Einzelperson, in Familie und Gemeinschaft sowie das Zusammenleben im Staat. Problemkreise wie politische und gesellschaftliche Trends, Rechtsetzung oder auch das Wohlbefinden des einzelnen Menschen gehören zu dieser Umweltsphäre.
Ökologische Umweltsphäre	Die ökologische Umweltsphäre betrifft den Gesamthaushalt der Natur. Problemkreise wie Rohstoffe, Energie, Boden, Reinhaltung von Wasser und Luft sowie Abfallbeseitigung gehören zu dieser Umweltsphäre.

▲ Abb. 1-5 Die Umweltsphären im Überblick

kritischer Trends. Dabei ist jedoch zu beachten, dass die verschiedenen Umweltsphären miteinander verzahnt sind und immer wieder auch Überlappungsbereiche bestehen.

1.4.1.1 Ökonomische Umwelt

Die ökonomische Umweltsphäre (Wirtschaftssystem) ist gewissermassen der ureigentliche Nährboden eines Unternehmens. Die ökonomische Umwelt umfasst die Vorgänge in der Volkswirtschaft als Ganzes (siehe dazu auch Anhang A: Ausgewählte volkswirtschaftliche Grundlagen). Im Zentrum des Interesses stehen die Entwicklungen auf den einzelnen Märkten (Beschaffungs-, Absatz-, Arbeits- und Finanzmarkt) durch das Zusammenspiel von Angebot und Nachfrage, der Wettbewerb zwischen den einzelnen Unternehmen und die Preisbildung bzw. -entwicklung (beispielsweise gemessen am Konsumentenpreisindex). Darüber hinaus werden aber auch die Struktur und Funktionsweise der Volkswirtschaft, Wachstum und Konjunktur, die Wohlstandsentwicklung, aussenwirtschaftliche Beziehungen und Verflechtungen usw. analysiert. Solche volkswirtschaftlichen und branchenbezogenen Faktoren und Entwicklungen stellen die ökonomischen Rahmenbedingungen für ein Unternehmen dar und haben grosse Auswirkungen auf das Unternehmensgeschehen. Die ökonomische «Grosswetterlage» bestimmt zu einem wesentlichen Teil die Absatz- und Wachstumsmöglichkeiten eines Unternehmens. Wenn sich beispielsweise die Volkswirtschaft in einem

Volkswirtschaftliche Rahmenbedingungen

Ökonomische «Grosswetterlage»

konjunkturellen Aufschwung und *damit* in einer Phase des Wirtschaftswachstums befindet, dann können die Unternehmen generell mit einer steigenden Nachfrage nach Produkten und Dienstleistungen rechnen. Um dieser steigenden Nachfrage gerecht zu werden, können sie nun – sofern genügend Kapazitäten vorhanden sind – die Produktion erhöhen und bei gutem Geschäftsgang mehr Produkte auf dem Absatzmarkt verkaufen und damit den Umsatz steigern. Eine gute Konjunkturlage kann aber aufgrund der Ausweitung der Wirtschaftstätigkeit auch dazu führen, dass auf dem Arbeitsmarkt zunehmend ein Mangel an qualifizierten Arbeitskräften herrscht, was sich letztlich in generell steigenden Lohnkosten äussern kann. Ob insgesamt der Gewinn des Unternehmens steigt, hängt nun davon ab, ob die Erträge aus dem Verkauf der Produkte und Dienstleistungen stärker zunehmen als die Lohnkosten und die Kosten für die Beschaffung und Produktion.

Angebot und Nachfrage

Wenn ein Unternehmen auf die Dauer Gewinne erzielen und damit erfolgreich sein will, dann muss es die ökonomischen Entwicklungen und volkswirtschaftlichen Rahmenbedingungen fortlaufend beobachten und im gesamten wirtschaftlichen Zusammenspiel von Angebot und Nachfrage eine eigene, konsequente und zukunftsgerichtete Strategie finden. Unternehmer müssen sich in diesem Zusammenhang immer wieder beispielsweise folgende Fragen stellen:

- Konjunktur: Wie entwickelt sich das konjunkturelle Umfeld? Welche Auswirkungen sind aufgrund der volkswirtschaftlichen und branchenbezogenen Entwicklungen auf den eigenen Geschäftsgang zu erwarten?
- Branchenstruktur: Welche wirtschaftlichen Gesetzmässigkeiten gelten innerhalb der eigenen Branche und wie entwickeln sich diese in Zukunft? Verändert sich die Konkurrenzsituation unter den bestehenden und allfällig neu in den Markt eintretenden Wettbewerbern?
- Marktsituation: Wie lassen sich die Absatzmärkte beeinflussen, damit auf sinnvolle Art möglichst viele Produkte bzw. Dienstleistungen verkauft werden können? Auf welchen Beschaffungsmärkten kann am günstigsten eingekauft werden?

Die Erkenntnisse aus der Beantwortung dieser und weiterer Fragen dienen der Unternehmensführung dazu, vorausschauend auf zukünftige ökonomische Trends zu reagieren und rechtzeitig erforderliche Massnahmen (z.B. mit Hilfe der Finanzplanung) einzuleiten.

1.4.1.2 Technologische Umwelt

Die technologische Umweltsphäre umfasst alles, was in den Bereich der Technik und der Naturwissenschaften (Chemie, Physik, Medizin, Biologie) fällt. Sie bildet die materielle Grundlage des Wirtschaftens. Bahn-

Technik und Naturwissenschaften

Technologische Entwicklungen

brechende Entwicklungen und Innovationen beispielsweise in der Robotik und der Automation, der Informations- und Kommunikationstechnologie, der Verfahrenstechnologie, der Bio- und Gentechnologie, der Mikroelektronik usw. prägen die technologische Umweltsphäre und schaffen immer wieder neue Geschäfts- und Entwicklungsmöglichkeiten. Dies kann sogar ganze Branchen verändern. So haben sich in den letzten Jahren durch die neuen Möglichkeiten der Informationstechnologie die betrieblichen Wertschöpfungsprozesse entscheidend gewandelt. Zu nennen ist beispielsweise das Online-Shopping übers Internet als neue Möglichkeit im Rahmen des Verkaufsprozesses oder die elektronische Abwicklung des Zahlungsverkehrs. Bereits diese Beispiele zeigen, dass technologischer Fortschritt und Unternehmensentwicklung eng miteinander verbunden sind. Technologischer Fortschritt wirkt sich einerseits auf die Art und Qualität der Produkte aus und hat andererseits auch Einfluss auf die einsetzbaren Produktionsverfahren und die Möglichkeiten der Gestaltung der Arbeitsumgebung. Unternehmerinnen und Unternehmer müssen sich deshalb im Rahmen der Beobachtung der technologischen Entwicklungen immer wieder beispielsweise folgende Fragen stellen:

- Gibt es Anzeichen dafür, dass unsere Produkte technisch überholt sind und vom Markt durch neuere Produkte verdrängt werden?
- Wie können wir unsere Herstellprozesse oder Produkte technologisch weiterentwickeln?
- Verfügen wir als Unternehmen über Technologien, Prozesse oder Know-how, die den Nutzen der Kunden in einem Ausmass steigern, der über dem der Konkurrenz liegt?
- Wie kann die Produktivität, spricht das Verhältnis von Output zu Input, durch den Einsatz neuer Technologien in der Produktion gesteigert werden?

All diese Überlegungen müssen vorausschauend durchgeführt werden. Wenn ein Produkt nach und nach vom Markt verdrängt wird, sind innovative Unternehmen in der Lage, rasch neue bzw. technologisch verbesserte Produkte einzuführen.

1.4.1.3 Soziale Umwelt

Die soziale Umweltsphäre (Gesellschaftssystem) bezieht sich auf die Gesellschaft schlechthin, einschliesslich ihrer kulturellen, rechtlichen und politischen Aspekte. Die soziale Umweltsphäre betrifft den Menschen mit seinen Normen, Wertvorstellungen und Verhaltensweisen als Einzelperson, in Familie und Gemeinschaft. Diese Umweltsphäre umfasst auch die Entwicklungen in der Gesellschaft und das Zusammenleben im Staat.

Entwicklungen in Gesellschaft und Staat

Die Gesellschaft fordert von Unternehmen, dass sie bei der Erzeugung von Produkten und Dienstleistungen neben wirtschaftlichen Aspekten auch soziale und ethische Gesichtspunkte berücksichtigen. Die gesellschaftliche Forderung nach sozialverträglichem Verhalten (Corporate Social Responsibility) liegt durchaus auch im Eigeninteresse der Unternehmen. So sind beispielsweise Konsumenten bereit, für fair produzierte Lebensmittel mit einem entsprechenden Zertifikat bzw. Label (z.B. das Gütesiegel der Max-Havelaar-Stiftung für fair gehandelte Produkte) einen höheren Preis zu bezahlen. Ein anderes Beispiel sind Mitarbeitende, welche die Familienfreundlichkeit (z.B. flexible Arbeitszeiten, Kinderbetreuung etc.) bei der Wahl des Arbeitgebers mitberücksichtigen. Unternehmer müssen sich deshalb immer wieder folgende Fragen stellen:

- Welche Schlüsse sind aus der Beobachtung gesellschaftlicher Trends für die eigenen unternehmerischen Zielvorstellungen und für das eigene unternehmerische Entscheidungsverhalten zu ziehen?
- In welchem Werteumfeld (grundlegende Einstellung zur Wirtschaft) bewegen wir uns mit der unternehmerischen Tätigkeit? Sind unsere unternehmerischen Entscheide ethisch vertretbar und gesellschaftlich akzeptiert?
- Für welche sozialen Wirkungen werden wir verantwortlich gemacht, und für welche können und wollen wir tatsächlich Verantwortung übernehmen?

Eine sorgfältige Auseinandersetzung mit diesen Fragen dient der Unternehmensführung bei der Suche nach einem verantwortungsbewussten unternehmerischen Handeln im Spannungsfeld zwischen wirtschaftlichem Erfolgsstreben und gesellschaftlichen Ansprüchen.

1.4.1.4 Ökologische Umwelt

Nutzung von Ressourcen

Die ökologische Umweltsphäre (Ökosystem) umfasst den Gesamthaushalt der Natur. Die Natur ist die wichtigste Grundlage für das Wirtschaften und insbesondere Industriebetriebe sind auf vielfältige Weise mit der natürlichen Umwelt verbunden. Aus der Natur werden für die Produktion von Gütern und Dienstleistungen Ressourcen (Rohstoffe, Energie) entnommen. Im Rahmen des Wertschöpfungsprozesses werden zudem Abfallprodukte sowie Schadstoffe in Form von Luft- und Gewässerverschmutzung sowie Klima- und Bodenbelastung an die natürliche Umwelt abgegeben. Solche unerwünschten ökologischen Auswirkungen wirtschaftlicher Tätigkeit lösen in der Gesellschaft Ansprüche an die Unternehmen aus, die letztlich umweltpolitisch in staatlichen Regulierungen (behördliche Vorschriften und rechtliche Auflagen) münden können. Zielsetzung einer nachhaltig ausgerichteten Unternehmensführung muss es deshalb sein, die betrieblichen Wertschöpfungsprozesse möglichst ökoeffizient, sprich unter Minimierung der Umweltbelastung, zu gestalten. Andernfalls sind Reaktionen von Anspruchsgruppen des Unternehmens (insbesondere Staat und Behörden, Öffentlichkeit, Kunden) zu erwarten, die zumindest mittel- bis langfristig die unternehmerischen Gestaltungsfreiräume einschränken können. So kann beispielsweise ein übermässiger Abbau nicht erneuerbarer Ressourcen oder die Übernutzung der Natur zu öffentlichem Druck (durch Umweltorganisationen etc.) auf die Politik und zu einem Ruf nach schärferen ökologischen Regulierungen führen. Dies wiederum kann zum Beispiel aufgrund anspruchsvollerer Genehmigungsverfahren zu einer Verteuerung der Produktion führen. Unternehmen sind deshalb aus langfristiger Sicht gut beraten, wenn sie sich im Rahmen ihrer wirtschaftlichen Tätigkeit sowohl im eigenen als auch im gesellschaftlichen Interesse nicht bloss reagierend, sondern agierend umweltverträglich verhalten (z. B. durch die freiwillige Förderung von Energiesparmassnahmen im eigenen Betrieb).

Rücksichtnahme auf natürliche Grundlagen

Umweltverträgliches Verhalten

1.4.2 Anspruchsgruppen (Stakeholders)

Die Beherrschung des betrieblichen Wertschöpfungsprozesses sowie umfassende Kenntnisse der Entwicklungen in den einzelnen Umweltsphären allein reichen für eine erfolgreiche Unternehmensführung nicht aus. Ebenso wichtig für den langfristigen Erfolg eines Unternehmens ist eine aktive Auseinandersetzung des Managements mit den vielfältigen Anliegen und Interessen der Anspruchsgruppen (Stakeholders).

Alle Entscheidungen, die im Rahmen der Geschäftstätigkeit zu fällen sind, werden an einer Vielzahl von Erwartungen gemessen. Da sind beispielsweise die Kapitalgeber, Kunden und Mitarbeiter: Während die Kapitalgeber eine möglichst hohe Rendite ihres eingesetzten Kapitals bei möglichst geringen Risiken verlangen, wünschen die Kunden ein Produkt bzw. eine Dienstleistung zu einem attraktiven Preis-Leistungs-Verhältnis und erwarten die Mitarbeiter eine möglichst hohe Entlöhnung. Es sind aber nicht nur die Kapitalgeber, Kunden und Mitarbeiter, die Erwartungen an ein Unternehmen haben. Auch die Lieferanten, Konkurrenten etc. haben vielfältige Ansprüche an ein Unternehmen und begrenzen den unternehmerischen Handlungsspielraum in Entscheidungssituationen. Staat und Nichtregierungsorganisationen (z. B. Umweltschutzverbände) erwarten beispielsweise, dass Unternehmen die Auswirkungen ihrer Aktivitäten auf Wirtschaft, Gesellschaft und ökologische Umwelt syste-

Vielzahl von Erwartungen an ein Unternehmen

Begrenzter Handlungsspielraum

matisch analysieren, insbesondere in Bezug auf Beschäftigung, Arbeitsbedingungen, Fairness des Wettbewerbs und nachhaltige Entwicklung. Unternehmen, die ihre Verantwortung nicht sozialverträglich wahrnehmen, riskieren, dass ihr Ruf durch öffentliche Kampagnen Schaden erleidet. Als prägnantes Beispiel hierzu ist der Fall «Brent Spar» zu erwähnen. 1995 musste der Shell-Konzern aufgrund eines erheblichen öffentlichen Drucks insbesondere von Seiten der Kunden, der Umweltverbände und von Politikern den Plan zur Versenkung der Ölplattform Brent Spar in der Nordsee aufgeben. Durch einen wochenlangen Boykott, der zu erhebli-

Anspruchsgruppe	Interessen und Anliegen der Anspruchsgruppe	Interessen und Anliegen des Unternehmens
Kapitalgeber	▪ attraktive Rendite bzw. Verzinsung des Kapitals ▪ pünktliche Zins- und Rückzahlungen ▪ Sicherheit der Kapitalanlage ▪ Einflussnahme auf Entscheidungen	▪ dauerhafte Überlassung des Kapitals ▪ günstige Kredite ▪ wohldosierte Einflussnahme auf Entscheidungen ▪ Unterstützung in Krisensituationen (z.B. Liquiditätsengpass)
Kunden	▪ gutes Preis-Leistungs-Verhältnis ▪ faires Geschäftsverhalten ▪ ständige Lieferbereitschaft	▪ Kunden- bzw. Markentreue ▪ Einhaltung vertraglicher Vereinbarungen ▪ Mundpropaganda
Mitarbeitende	▪ angemessenes Einkommen ▪ attraktive Arbeitsbedingungen und Entwicklungsmöglichkeiten ▪ soziale Sicherheit	▪ gute Arbeitsleistung ▪ Loyalität gegenüber Arbeitgeber ▪ Akzeptanz betrieblicher Strukturen ▪ Bereitschaft zur Weiterbildung
Lieferanten	▪ regelmässige Auftragseingänge ▪ vertrauensvolle Kunden-Lieferanten-Beziehung ▪ Zahlungsfähigkeit der Abnehmer	▪ hohe Lieferbereitschaft und Lieferzuverlässigkeit ▪ dauerhafte Lieferbeziehungen ▪ attraktives Preis-Leistungs-Verhältnis
Konkurrenz	▪ faires Wettbewerbsverhalten ▪ Kooperationsbereitschaft auf branchenpolitischer Ebene	▪ faires Wettbewerbsverhalten ▪ Kooperationsbereitschaft auf branchenpolitischer Ebene
Staat	▪ Steuerabgaben ▪ Schaffung von Arbeitsplätzen ▪ Einhaltung von Rechtsvorschriften ▪ Teilnahme an der politischen Willensbildung	▪ attraktive und stabile wirtschaftliche Rahmenbedingungen ▪ wirtschaftsfreundliche Gesetzgebung ▪ Stärkung der internationalen Wettbewerbsfähigkeit
Öffentlichkeit	▪ Schutz der Umwelt ▪ Wahrnehmung sozialer Verantwortung ▪ offene Informationspolitik	▪ Kooperationsbereitschaft bei gemeinsamen Problemen ▪ faires Verhalten gegenüber dem Unternehmen

▲ Abb. 1-6 Anspruchsgruppen und ihre Interessen vs. Interessen des Unternehmens

chen Umsatz-, Image- und Gewinneinbussen führte, konnten Anspruchsgruppen erfolgreich Einfluss auf das unternehmerische Entscheidungsverhalten eines Konzerns nehmen.

Anspruchsgruppenanalyse

◀ Abb. 1-6 zeigt einige Beispiele möglicher wechselseitiger Interessen und Anliegen zwischen den Unternehmen und ihren wichtigsten Anspruchsgruppen. Diese Auflistung ist keineswegs vollständig und jedes Unternehmen muss seine eigene, spezifische Anspruchsgruppenanalyse durchführen.

Umgang mit Zielkonflikten

Die Unternehmensführung muss sich fortlaufend mit den verschiedenen Erwartungen, Interessen und Anliegen der Anspruchsgruppen bzw. Stakeholder beschäftigen und enge Beziehungen zu diesen unterhalten. Dabei ist es angesichts der vielfältigen Interessen der einzelnen Anspruchsgruppen unumgänglich, dass in konkreten Entscheidungssituationen immer wieder Zielkonflikte zu bewältigen sind. So strebt ein Unternehmen vom ökonomischen Standpunkt her möglichst hohe Gewinne zur Befriedigung der Interessen der Aktionäre (Eigenkapitalgeber) und der Reservebildung an. Gleichzeitig muss das Management in seiner Entscheidungsfindung auch stets soziale Ansprüche (attraktive Arbeitsbedingungen für die Mitarbeitenden) und ökologische Anliegen (z.B. umweltverträgliche Produktion) berücksichtigen, was durchaus zu höheren Kosten und damit tieferen Gewinnen führen kann.

Werthaltungen

Alles in allem ist es eine anspruchsvolle Aufgabe für das Management eines Unternehmens, all den Ansprüchen in ihrer Breite und teilweisen Widersprüchlichkeit gerecht zu werden. Dennoch: Sofern ein Unternehmen langfristig erfolgreich sein will, muss das Management auf Basis der persönlichen Werthaltungen bzw. -vorstellungen und strategischen Ziele die verschiedenen Interessen und Ansprüche in seinen Problemlösungs- und Entscheidungsprozessen in angemessener Weise berücksichtigen und eine ausgewogene Balance finden.

1.4.2.1 Beziehungen zu den Kapitalgebern

Das Kapital zur Finanzierung der unternehmerischen Tätigkeiten beschafft sich ein Unternehmen auf den Finanzmärkten. Ein wichtiges Ziel der Unternehmensführung muss es daher sein, im Hinblick auf eine möglichst günstige Beschaffung von Finanzmitteln (in der Gründungsphase typischerweise mit Hilfe eines Business-Plans) eine vertrauensvolle Beziehung zu den Kapitalgebern aufbauen. Als Kapitalgeber kommen dabei sowohl Eigenkapitalgeber (Shareholder bzw. Aktionäre bei Aktiengesellschaften oder Gesellschafter bei anderen Rechtsformen wie z.B. Gesellschaft mit beschränkter Haftung oder Kollektivgesellschaft) als auch Fremdkapitalgeber in Frage. Die Beziehungen zu diesen beiden Anspruchsgruppen werden auch unter dem Begriff Investor Relations zusammengefasst.

Eigen- und Fremdkapitalgeber

Während Fremdkapitalgeber dem Unternehmen zeitlich befristet Geld ausleihen (z.B. in Form eines Kredites) und lediglich eine feste Verzinsung des zur Verfügung gestellten Leihbetrages erwarten, tragen Eigenkapitalgeber (Besitzer des Unternehmens) im Wesentlichen das unternehmerische Risiko. Sie wollen entsprechend am Erfolg teilhaben. Dabei ist jedoch zu beachten, dass Eigenkapitalgeber erst auf denjenigen Teil der betrieblichen Wertschöpfung Anspruch haben, der nach Abzug aller anderen Ansprüche (Entlöhnung der Mitarbeitenden, Zinszahlungen an Fremdkapitalgeber, Steuern an den Staat etc.) noch übrig bleibt und nicht für (Ersatz-)Investitionen benötigt wird. Die Eigenkapitalgeber haben deshalb ein grosses Interesse daran, dass das Unternehmen mit seinen Aktivitäten den Wert ihrer Kapitalanlage nicht gefährdet, sondern vielmehr durch Kursgewinne auf den Aktien und regelmässige Ausschüttungen in Form von Dividenden erhöht.

Fremdkapitalgeber

Eigenkapitalgeber

Ein wichtiges Instrument zur Beziehungspflege mit den Kapitalgebern ist die Rechnungslegung. Mit ihrer Hilfe legt das Unternehmen gegenüber den Kapitalgebern in regelmässigen Abständen Rechenschaft über den Gang der Geschäftstätigkeit ab. Im Vordergrund stehen dabei Informationen über die Vermögens-, Finanz- und Ertragslage. Diese finanzielle Berichterstattung, zum Beispiel in Form von Jahresberichten, setzt unternehmensintern die Beherrschung der Prozesse der finanziellen Führung und der Instrumente des Finanz- und Rechnungswesens (Bilanz, Erfolgsrechnung etc.) voraus.

Rechnungslegung

Finanzielle Berichterstattung

1.4.2.2 Beziehungen zu den Kunden

Die Nähe zum Kunden ist ein wesentliches Erfolgskriterium für das Bestehen auf dem wettbewerbsintensiven Absatzmarkt. Nur Unternehmen, die im Vergleich zur Konkurrenz entweder ein gleichwertiges Produkt bzw. eine gleichwertige Dienstleistung zu einem geringeren Preis oder bei einem gegebenen Preis eine qualitativ bessere Leistung anbieten können, haben Aussicht, langfristig erfolgreich zu sein. Für das Management ist es deshalb wichtig, durch Marktforschung (z.B. Kundenzufriedenheitsanalyse) zu erfahren, welche Vorstellungen Kunden über Produkte, Preise und Konditionen etc. haben und wie zufrieden sie mit den angebotenen Produkten und Dienstleistungen sind.

Hauptziel des Unternehmens muss es sein, durch den geschickten Einsatz der Marketing-Instrumente (Werbung, Produkt- und Preispolitik etc.) eine langfristig profitable Beziehung zu den Kunden aufzubauen. Gelingt dies, verdanken es einem die Kunden mit Treue zum Unternehmen und Weiterempfehlungen (Mundpropaganda), was sich letztlich positiv in Umsatz und Gewinn niederschlägt.

Kundenbedürfnisse

1.4.2.3 Beziehungen zu den Mitarbeitenden

Mitarbeiterführung

Eine entscheidende Rolle für den Erfolg eines Unternehmens spielen die Mitarbeitenden. Sie ermöglichen eine kundenorientierte Unternehmensführung. Zudem stellen sie eine reibungslose Abwicklung der Geschäftsprozesse sicher. Entsprechend bedeutsam ist in einem Unternehmen die aktive Beziehungspflege zu den Mitarbeitenden; denn sobald die Arbeitnehmer erkennen, dass ein bestimmter Arbeitgeber besser auf die Mitarbeiterinteressen eingeht als andere, erhöht sich für diesen die Wahrscheinlichkeit, qualifiziertes Personal auf dem Arbeitsmarkt zu finden und an sich zu binden. Sind diese Mitarbeitenden im Arbeitsalltag mit ihrem Arbeitsumfeld zufrieden und herrscht ein gutes Arbeitsklima, so hat dies positiven Einfluss auf das Engagement der Mitarbeitenden, fördert das Kommunikationsverhalten zwischen Mitarbeitern und Kunden und beeinflusst schliesslich auch die Arbeitsproduktivität. Eine hohe Arbeitsproduktivität hat wiederum einen positiven Einfluss auf die Kosten, was sich letztlich in höheren Gewinnen niederschlägt.

Arbeitsklima

1.4.2.4 Beziehungen zu den Lieferanten

Die zur Herstellung von Produkten und Dienstleistungen benötigten Ressourcen werden auf dem Beschaffungsmarkt bei den Lieferanten eingekauft. In den Beziehungen des Unternehmens zu seinen Lieferanten spiegelt sich quasi die Beziehung des Unternehmens zu seinen Kunden. Zielsetzung ist es, langfristige und tragfähige Beziehungen zu den Lieferanten aufzubauen bzw. zu pflegen und die gesamten Beschaffungsprozesse durch eine unternehmensübergreifende Abstimmung der Wertschöpfungsketten zu optimieren (Supply Chain Management).

1.4.2.5 Beziehungen zur Konkurrenz

Fairer Wettbewerb

Der Wettbewerb unter den Konkurrenten ist die Basis aller marktwirtschaftlich ausgerichteten Wirtschaftssysteme. Er ist wesentliche Triebkraft für Innovationen und sorgt für eine laufende Verbesserung der auf dem Absatzmarkt angebotenen Produkte und Dienstleistungen. Trotz teilweise intensivem Wettbewerb wird von den einzelnen Unternehmen erwartet, dass sie sich – wie Sportler an Wettkämpfen – fair verhalten und sich nicht unlauterer Mittel bedienen. Darüber hinaus wird von Unternehmen erwartet, dass sie auf Branchenebene Kooperationsbereitschaft zeigen und im Hinblick auf die Vertretung gemeinsamer Anliegen in Berufs- und Branchenverbänden zusammenarbeiten (z.B. gemeinsame Lehrlingsausbildung). Nicht erwünscht und durch staatliche Regulierungen verhindert sind jedoch Preisabsprachen oder Gebietsaufteilungen unter den verschiedenen Konkurrenzunternehmen.

1.4.2.6 Beziehungen zum Staat

Die gegenseitigen Erwartungen zwischen dem Staat und den Unternehmen sind äusserst vielfältig. Der Staat erwartet von den Unternehmen Steuerabgaben zur Finanzierung der öffentlichen Dienste (Service public), die Schaffung und Sicherung von Arbeitsplätzen, den Schutz der

Umwelt, die Wahrnehmung sozialer Verantwortung, die Einhaltung von Rechtsvorschriften, die Teilnahme an der politischen Willensbildung und vieles mehr. Die Unternehmen demgegenüber fordern vom Staat beispielsweise die Bereitstellung einer funktionierenden öffentlichen Infrastruktur (Transport, Kommunikation etc.), die Gewährleistung von Rechtssicherheit, die Wirtschaftsförderung und die Stärkung der internationalen Wettbewerbsfähigkeit eines Landes (von der alle Unternehmen profitieren). Zudem erwarten Unternehmen möglichst schlanke administrative Abläufe im Kontakt mit der öffentlichen Verwaltung (vgl. zur Rolle des Staates in einer sozialen Marktwirtschaft auch Anhang A: Ausgewählte volkswirtschaftliche Grundlagen).

Öffentliche Verwaltung

1.4.2.7 Beziehungen zur Öffentlichkeit

Öffentlichkeitsarbeit

Das Verhalten der Unternehmen ist stets auch im Blickfeld der Öffentlichkeit. Das Bild, das sich die Öffentlichkeit von einem Unternehmen macht, wird neben persönlichen Erfahrungen stark durch die Medien geprägt. Um die Verantwortung gegenüber der Öffentlichkeit wahrzunehmen, sind deshalb auch die Public Relations (PR, Öffentlichkeitsarbeit) ein fester Bestandteil des unternehmerischen Handelns. Durch offene Kommunikation kann vermieden werden, dass Journalisten sich anderer Quellen bedienen müssen oder Sachverhalte einseitig und nicht ausgewogen darstellen. Die Beziehungspflege mit den Medien sowie die Durchführung von Anlässen, Pressekonferenzen, Versammlungen und der eigene Internetauftritt verfolgen letztlich immer das Ziel, das Image eines Unternehmens in der Öffentlichkeit zu verbessern und die Identifikation der Mitarbeitenden mit dem Arbeitgeber zu erhöhen.

Zu den Beziehungen zur Öffentlichkeit gehören neben der Kontaktpflege mit den Medien auch der Umgang mit Interessenorganisationen wie z.B. mit Umweltschutzverbänden oder Konsumentenschutzorganisationen. Im Sinne einer offenen Informationspolitik ist es angezeigt, auch mit solchen Interessenorganisationen und der Politik einen engen Kontakt zu pflegen.

1.5 Konsequenzen für die erfolgreiche Unternehmensgründung und -führung

Die gewonnenen Erkenntnisse aus der Betrachtung der verschiedenen Umweltsphären und Anspruchsgruppen haben unmittelbare Auswirkungen auf die erfolgreiche Gründung und Führung eines Unternehmens:

Wechselwirkungen

- Ein Unternehmen steht in ständiger Wechselwirkung mit den Entwicklungen in den einzelnen Umweltsphären. Die ökologischen und gesellschaftlichen Entwicklungstendenzen im Allgemeinen sowie der technologische Fortschritt, der wirtschaftliche Strukturwandel und die Veränderung der menschlichen Arbeits- und Verbrauchsgewohnheiten im Besonderen sind bei unternehmerischen Entscheidungen stets zu berücksichtigen. Sie erfordern immer wieder Anpassungen in der strategischen Unternehmensführung. Es gilt deshalb, Veränderungen in den einzelnen Umweltsphären (Innovationsentwicklungen, Kundenerwartungen etc.) rechtzeitig und richtig zu interpretieren, um auf dieser Grundlage effektive betriebswirtschaftliche Massnahmen einzuleiten und zu realisieren.

Unsicherheit und unvollkommene Information

- Erwartungen bezüglich der Entwicklungen in den einzelnen Umweltsphären sind zwangsläufig mit Unsicherheit verbunden. Unsicherheit und unvollkommene Informationen bergen die Gefahr von Fehlentscheiden. Aus diesem Grunde ist in der Unternehmensführung ein Denken in begründeten Varianten bzw. Alternativen (Szenarien) von zentraler Bedeutung.

Zielkonflikte

- Die verschiedenartigen Interessen der Anspruchsgruppen stellen das Management eines Unternehmens laufend vor eine Vielzahl von Entscheidungssituationen. Unternehmerinnen und Unternehmer müssen in der Lage sein, mit Zielkonflikten umzugehen. Bei der Suche nach ausgewogenen Lösungen gilt es, jeweils die Vor- und Nachteile bzw. Chancen und Gefahren der einzelnen Alternativen sorgfältig abzuwägen. Dabei sind sich die Führungskräfte und Mitarbeitenden eines Unternehmens bewusst, dass die Entscheidungsfindung neben rationalen Überlegungen immer auch stark von den persönlichen Wertvorstellungen und normativen Grund- bzw. Denkhaltungen beeinflusst ist.

Komplexität

- Zahlreiche der in Unternehmen entstehenden Probleme sind komplex, d.h. es sind eine Vielzahl von Einflussfaktoren und Abhängigkeiten zu berücksichtigen. Dies hat zur Folge, dass ein Problem oft mehrere Ursachen und eine Veränderungsmassnahme vielfältige Auswirkungen hat. In solch komplexen Problemsituationen gibt es deshalb selten bis nie eine Ideallösung, die für jedes Unternehmen in jeder Situation passt. Ob ein Produkt bzw. eine Dienstleistung am Markt Erfolg haben wird, ist angesichts der unzähligen Einflussfaktoren im Voraus zwar durch schlüssiges unternehmerisches Denken und Handeln beeinflussbar, aber nicht vollkommen berechenbar und mit absoluter Sicherheit vorhersagbar.

Gerade weil ein Unternehmen aufgrund der Komplexität nicht leicht steuerbar und damit der wirtschaftliche Erfolg nicht mit Bestimmtheit vorhersehbar ist, ist die grundlegende Kenntnis betriebswirtschaftlicher Zusammenhänge und Gesetzmässigkeiten für eine erfolgreiche Unternehmensführung von grosser Bedeutung.

Kapitel 2

Unternehmerisches Denken und Handeln

«Im Geschäftsleben ist es wie beim Schach:
Um erfolgreich zu sein,
muss man mehrere Züge im Voraus denken.» William A. Sahlmann

In Kapitel 1 haben wir gesehen, dass Unternehmen in einem Umfeld agieren, das angesichts der vielfältigen Interessen der Anspruchsgruppen durch eine hohe Komplexität und verschiedene Zielkonflikte gekennzeichnet ist. Es gilt Wege zu finden, die es einem Unternehmen ermöglichen, langfristig erfolgreich zu sein und die unterschiedlichen Ansprüche der Stakeholder möglichst ausgewogen zu erfüllen. Unternehmerinnen und Unternehmer sind entsprechend herausgefordert, nicht nur wirtschaftlich erfolgreich zu handeln, sondern auch soziale und ökologische Verantwortung wahrzunehmen. Die Bewältigung dieser Herausforderung verlangt nach einer vernetzten Betrachtungsweise und einem unternehmerischen Denken in Zusammenhängen. Dies beginnt in der Auseinandersetzung mit der Frage, welchen Zielsetzungen sich ein Unternehmen verpflichtet fühlt (Abschnitt 2.1). Die Klärung dieser Fragestellung ist eine notwendige Voraussetzung, um anschliessend darauf aufbauend eine unternehmerische Erfolgslogik zur Erreichung der definierten Zielsetzungen zu entwickeln (Abschnitt 2.2).

Umgang mit Komplexität

Vernetztes Denken

2.1 Die unternehmerischen Zielsetzungen

Grundsätzlich verfügt die Geschäftsleitung bei der Festlegung der unternehmerischen Zielsetzungen über grosse Handlungs- und Entscheidungsspielräume. Sie ist im Entscheid, welche Interessen der Anspruchsgruppen (◀ Abb. 1-6) sie in welchem Umfang berücksichtigen will, mehr oder weniger frei. Jedes Unternehmen legt deshalb je nach Werthaltung der Geschäftsleitung die Schwerpunkte bei der Strategieformulierung und der konkreten Formulierung der unternehmerischen Zielsetzungen anders. Dennoch gilt es im Vorfeld zur Zielbestimmung und Entwicklung der Grundstrategie einige übergeordnete Grundsätze und Zusammenhänge erfolgreicher Unternehmensführung zu berücksichtigen.

Werthaltungen beeinflussen die Zielsetzung

2.1.1 Shareholder-Value-Orientierung

Erzielung von Gewinnen

Kein Unternehmen kann auf Dauer bestehen, wenn es keine Gewinne erzielt. Dies einerseits deshalb, weil Gewinne die Basis für eine langfristig sichere Finanzierung und Entwicklung eines Unternehmens darstellen. Andererseits ist die Gewinnerzielung auch deshalb von zentraler Bedeutung, weil die Eigenkapitalgeber von einem Unternehmen eine angemessene, risikogerechte Verzinsung ihres eingesetzten Kapitals, sprich eine angemessene Rendite, fordern. Gelingt es einem Unternehmen nicht, für die Eigenkapitalgeber eine angemessene Rendite zu erwirtschaften, werden diese dem Unternehmen ihr Kapital nicht zur Verfügung stellen bzw. entziehen. Es ist deshalb naheliegend, dass sich Unternehmen stark an den Interessen der Eigenkapitalgeber und damit am sogenannten Shareholder Value orientieren.

Shareholder Value

Wenn im Rahmen der unternehmerischen Zielsetzungen von Gewinn- und Renditeorientierung gesprochen wird, ist damit nicht gemeint, eine kurzfristige Gewinnmaximierung anzustreben. Vielmehr muss ein Unternehmen bestrebt und dazu fähig sein, durch eine überzeugende strategische Ausrichtung und darauf ausgerichtete Investitionen langfristig Gewinne zu erzielen und damit den langfristigen Unternehmenswert zu steigern. Eine in diesem Sinn verstandene, an der kontinuierlichen Steigerung des Unternehmenswertes (z.B. gemessen am Aktienkurs) ausgerichtete Shareholder-Value-Orientierung ist heute zum Leitbegriff moderner Unternehmensführung geworden. Sie setzt auf Nachhaltigkeit der finanziellen Wertsteigerung und Renditeerzielung und umfasst damit

Steigerung des Unternehmenswertes

– wie später die Ausführungen in Abschnitt 2.2 noch zeigen werden – auch stets eine angemessene Berücksichtigung der Interessen der anderen Anspruchsgruppen (Stakeholder-Value-Orientierung).

2.1.2 Stakeholder-Value-Orientierung

Eine einseitige und kurzfristig orientierte Ausrichtung der Unternehmensführung lediglich am Shareholder Value greift zu kurz. Wie wir bereits in Kapitel 1 gesehen haben, hängt der Erfolg eines Unternehmens längerfristig nicht nur von der Befriedigung der Interessen und Ansprüche der (Eigen-)Kapitalgeber ab. Ebenso wichtig ist es für den langfristigen Unternehmenserfolg, dass ein Unternehmen auch den Interessen und Erwartungshaltungen der übrigen Stakeholder gerecht wird und im Rahmen eines ausgewogenen Zielsystems auch deren Nutzen optimiert. Erfolgreiche Unternehmen engagieren sich deshalb über die Erfüllung der Gewinn- und Renditeerwartungen der Aktionäre (Shareholder) hinaus auch für die Interessen aller anderen Anspruchsgruppen (Stakeholder). Sie richten sich mit anderen Worten am sogenannten Stakeholder Value aus und messen den Unternehmenserfolg daran, wie gut es gelingt, langfristig Mehrwerte für alle Anspruchsgruppen zu schaffen. Neben den Kapitalgebern (und dabei insbesondere den Aktionären) kommt dabei den Interessen der Kunden und Mitarbeitenden eine besondere Bedeutung zu. An diesen drei Anspruchsgruppen richtet sich das unternehmerische Denken und Handeln prioritär aus. Die im folgenden Abschnitt vorgestellte unternehmerische Erfolgslogik baut denn auch an der konsequenten Ausrichtung einer wertorientierten Unternehmensführung (Value Based Management) auf die Interessen dieser drei Anspruchsgruppen auf.

Langfristiger Unternehmenserfolg

Stakeholder Value

Wertorientierte Unternehmensführung (Value Based Management)

2.2 Die unternehmerische Erfolgslogik

Eine Ausrichtung des unternehmerischen Denkens und Handelns am Stakeholder Value setzt ein grundlegendes Verständnis der unternehmerischen Erfolgslogik und damit verbunden der gegenseitigen Abhängigkeiten zwischen einer ausgewogenen Erfüllung der Ansprüche der Mitarbeitenden, Kunden und Kapitalgeber voraus.

Langfristiger unternehmerischer Erfolg bedarf zunächst einmal einer klaren, in sich stimmigen strategischen Ausrichtung. Strategisches Ziel eines jeden Unternehmens muss es sein, im Konkurrenzvergleich etwas

Strategische Ausrichtung

Finanzieller Erfolg

Kundenbedürfnisse

Geschäftsprozesse

Mitarbeitende

besser, billiger oder beides zusammen zu tun, und zwar auf dauerhafte Weise. Eine erfolgreiche Strategie verschafft einem Unternehmen einen Wettbewerbsvorteil und schlägt sich in finanziellem Erfolg nieder. Dabei fallen jedoch die Erträge nicht einfach «vom Himmel», sondern sind Ergebnis eines hohen Markterfolges der angebotenen Produkte und Dienstleistungen. Markterfolg und damit die Erwirtschaftung hoher Erträge setzt wiederum voraus, dass ein Unternehmen fähig ist, die Kundenbedürfnisse möglichst massgeschneidert zu erfüllen und langfristige profitable Kundenbeziehungen aufzubauen. Damit dies gelingt und damit die versprochenen Leistungen in der richtigen Qualität zur richtigen Zeit am richtigen Ort beim Kunden sind, muss ein Unternehmen möglichst schlanke und kundenorientierte Geschäftsprozesse (betriebliche Wertschöpfungsprozesse) gestalten. Solcherart effektiv und effizient gestaltete Geschäftsprozesse beeinflussen zum einen die Kundenzufriedenheit und damit indirekt die Ertragssituation positiv. Zum anderen haben sie dank einer günstigen Kostensituation auch direkten Einfluss auf den Gewinn. Ausgeführt werden Geschäftsprozesse von den Mitarbeitenden eines Unternehmens. Sie sind es, die durch ihren engagierten Einsatz wesentlich zum Erfolg des Unternehmens beitragen. Es bietet sich deshalb an, den Kreislauf der unternehmerischen Erfolgslogik zu schliessen und die Mitarbeitenden durch die Schaffung attraktiver Arbeitsbedingun-

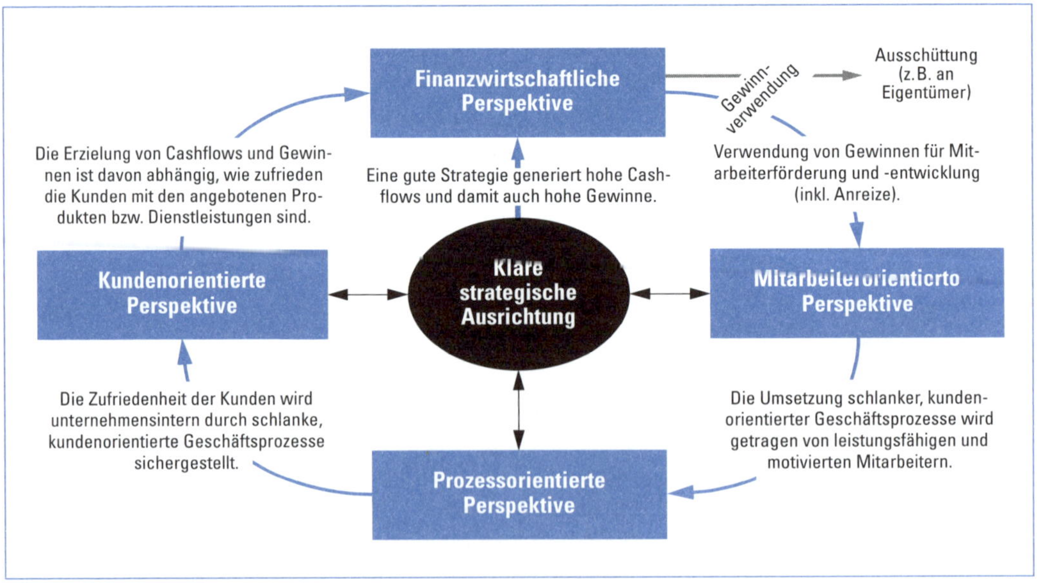

▲ Abb. 2-1 Kreislauf der unternehmerischen Erfolgslogik

gen zu motivieren und bei guter Leistung durch eine attraktive Entlöhnung am finanziellen Erfolg teilhaben zu lassen.

◀Abb. 2-1 zeigt, dass sich die Interessen und Erwartungshaltungen von Kapitalgebern, Kunden und Mitarbeitern gegenseitig bedingen und untereinander in einem logischen Zusammenhang stehen. Zufriedene Aktionäre, begeisterte Kunden, schlanke Geschäftsprozesse und motivierte Mitarbeitende sind es, die im Kern den langfristigen Erfolg eines Unternehmens ausmachen und die es einem Unternehmen ermöglichen, darüber hinaus auch gesellschaftliche und ökologische Verantwortung wahrzunehmen und damit auch die Interessen beispielsweise des Staates und der Öffentlichkeit zu erfüllen.

Vier zentrale Perspektiven im Erfolgssystem

Bezugnehmend auf den Kreislauf der unternehmerischen Erfolgslogik lassen sich ausgehend von einer klaren strategischen Ausrichtung vier zentrale Perspektiven im Erfolgssystem eines Unternehmens unterscheiden: die Finanz-, Kunden-, Prozess- und Mitarbeiterperspektive. Für jede dieser Perspektiven gilt es im Folgenden, die erfolgskritischen Schlüsselfaktoren sowie die dazugehörigen Ursache-Wirkungs-Beziehungen innerhalb und zwischen den einzelnen Perspektiven näher zu beleuchten. Gleichzeitig werden bei diesen Erläuterungen einige zentrale betriebswirtschaftliche Begriffe eingeführt.

Ursache-Wirkungs-Beziehungen

2.2.1 Finanzwirtschaftliche Perspektive

Rendite

Liquidität

Zur Erfüllung der Ansprüche der Eigentümer eines Unternehmens (Eigenkapitalgeber) ist das Management gefordert, langfristig eine attraktive Rendite zu erzielen. Gleichzeitig ist kurzfristig sicherzustellen, dass das Unternehmen jederzeit seinen Zahlungsverpflichtungen nachkommen kann. Das heisst, es muss stets genügend Liquidität vorhanden sein, damit die Zinsen und Schulden bei den Kreditgebern, die offenen Rechnungen bei den Lieferanten sowie die Löhne der Mitarbeitenden termingerecht bezahlt werden können. Sowohl die Sicherstellung einer ausreichenden Liquidität als auch die Erzielung einer hohen Rentabilität setzt ertragsseitig voraus, dass ein Unternehmen durch den Verkauf von Produkten und Dienstleistungen einen hohen Umsatz und damit verbunden auch einen hohen Cashflow erwirtschaftet. Dies ermöglicht es einem Unternehmen, seine Selbständigkeit zu erhalten, aus eigener Finanzkraft zu wachsen und den Unternehmenswert laufend zu steigern (▶ Abb. 2-2).

Umsatz und Cashflow

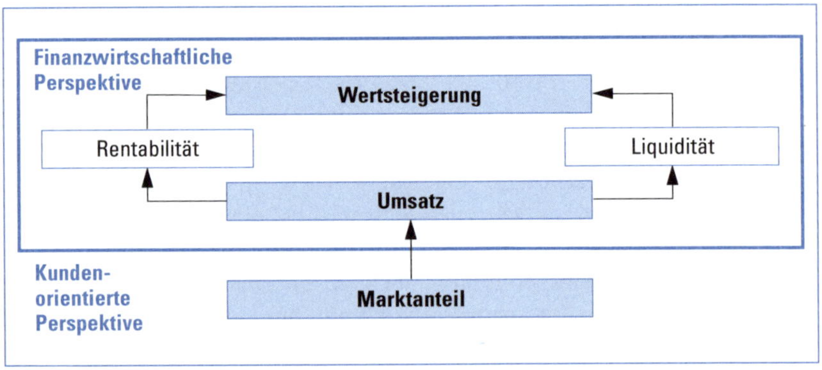

▲ Abb. 2-2 Schlüsselfaktoren wertorientierter Unternehmensführung aus finanzwirtschaftlicher Perspektive

Die Schlüsselfaktoren der finanzwirtschaftlichen Perspektive wie Umsatz, Liquidität und Rentabilität zeigen die Ergebnisseite wertorientierter Unternehmensführung. Sie messen die ökonomischen Konsequenzen und damit den finanziellen Erfolg, der von einer Strategie erwartet und durch eine konsequente Kunden-, Prozess- und Mitarbeiterorientierung in der Strategieumsetzung erzielt wird.

2.2.1.1 Umsatz(-wachstum) und Cashflow

Der aus der unternehmerischen Tätigkeit resultierende Umsatz bzw. Verkaufsertrag ist finanzieller Ausgangspunkt für den langfristigen Unternehmenserfolg. Der Umsatz ergibt sich aus dem Absatzvolumen und dem Verkaufspreis (Menge mal Preis). Die Erzielung eines hohen Verkaufsertrages ist das Ergebnis des Erfolgs auf den Absatzmärkten und damit eng verbunden mit der kundenorientierten Perspektive einer wertorientierten Unternehmensführung.

Cashflow

Der Cashflow gibt an, welchen Geldzufluss ein Unternehmen in einer Periode (z.B. ein Jahr) aus dem laufenden Umsatzprozess erwirtschaftet und was somit innerhalb dieser Periode zur Finanzierung von Investitionen ohne zusätzliches Eigen- bzw. Fremdkapital, für Kreditrückzahlungen (Schuldentilgung) oder allfällige Gewinnausschüttungen zur Verfügung steht. Der Cashflow als derjenige Teil des Umsatzes, der im Unternehmen verbleibt, ist ein wichtiger Massstab für die Ertrags- und Selbstfinanzierungskraft eines Unternehmens und zeigt die finanzielle Flexibilität und Unabhängigkeit von aussenstehenden Geldgebern an. Der Cashflow gibt Einblick in die Liquiditätslage und die Möglichkeiten zur selbstfinanzierten Entwicklung des Unternehmens. Je höher der Cashflow ist, umso unabhängiger ist ein Unternehmen bei der Wachstumsfinanzierung, da es aufgrund der selbst erwirtschafteten Finanzmittel nicht auf Bankkredite oder die Aufnahme von zusätzlichem Risiko- bzw. Eigenkapital von aussen angewiesen ist.

Um sich ein Bild über die Ertragssituation und die zahlungswirksamen Geldflüsse innerhalb einer bestimmten Periode zu machen, ist eine Umsatzplanung und die sorgfältige Erstellung einer Geldflussrechnung angezeigt. In der Umsatzplanung wird die prognostizierte Anzahl verkaufter Produkte mit den jeweiligen Einzelpreisen multipliziert und aufsummiert. Eine relativ detaillierte Umsatzplanung ist deshalb notwendig, da der Umsatz in der Regel eine der zentralen Grössen ist, die letztlich über den Unternehmenserfolg entscheiden kann und die Ausgestaltung der dazu erforderlichen Kapazitäten (z.B. Personal- oder Materialbedarf) bestimmt. Zudem ist die Abschätzung der geplanten Umsätze und der damit verbundenen erwarteten Kundenzahlungen ein entscheidender Faktor für das Management der flüssigen Mittel, sprich der Liquidität.

Umsatzplanung und Geldflussrechnung

2.2.1.2 Liquiditätssicherung

Liquidität ist der sensibelste Gradmesser und für ein Unternehmen so wichtig wie der Sauerstoff für den Menschen. Ein Unternehmen ist liquide, wenn es dank seiner Einnahmen, dem Bestand an flüssigen Mitteln (Bargeld, Bankguthaben etc.) und der Ausschöpfung seiner Kapitalbeschaffungsmöglichkeiten (kurzfristige Kredite, Kontokorrent etc.) in der Lage ist, die fälligen Zahlungen zu begleichen. Umgekehrt genügen im Falle einer Liquiditätskrise die flüssigen Mittel nicht mehr, um den Zahlungsverpflichtungen termingerecht nachzukommen. Eine gute Liquiditätslage ist stark von der Erzielung von Umsatz und damit vom Erfolg auf den Absatzmärkten abhängig.

Gute Liquiditätslage

Die Sicherung einer jederzeit ausreichenden Liquidität ist überlebensnotwendig und kurzfristig wichtiger als eine hohe Rentabilität. Typischerweise sind nämlich Konkurse nicht auf ungenügende Umsatzzahlen oder auf Verluste zurückzuführen, sondern auf fehlende Liquidität (Illiquidität). Die laufende Liquiditätsplanung und -kontrolle ist deshalb zur frühzeitigen Erkennung allfälliger Liquiditätsengpässe eine unerlässliche Aufgabe jedes Unternehmers. Sie soll einen Beitrag leisten, um die jederzeitige Zahlungsbereitschaft zu gewährleisten. Insbesondere soll sie aufzeigen, in welcher Zeitperiode (z.B. Monat oder Quartal) welche Zahlungseingänge aus dem Verkauf der Produkte und Dienstleistungen zu erwarten und welche Auszahlungen für Materialeinkauf, Löhne, Zinsen, Steuern etc. zu tätigen sind. Zu wissen, wann welche Zahlungen in welcher Höhe zu tätigen sind und ob die vorhandene Liquidität jederzeit ausreicht, ist für die erfolgreiche Führung eines Unternehmens eine der wichtigsten Informationen überhaupt.

Liquiditätsplanung und -kontrolle

2.2.1.3 Gewinn- und Rentabilitätssteigerung

Während die Liquidität symbolhaft als Sauerstoff eines Unternehmens gilt, kann die Erzielung eines Gewinns mit der Nahrung des Menschen verglichen werden. Gewinn wird erzielt, wenn die gesamten Erträge aus dem Verkauf von Produkten und Dienstleistungen höher als die gesamten Aufwendungen für die Leistungserstellung sind (umgekehrt entsteht ein Verlust). Die Erzielung eines Gewinnes als zentrale Triebfeder unternehmerischen Denkens und Handelns bedeutet, dass ein Unternehmen nicht nur seine Kosten deckt, sondern darüber hinaus durch das Erwirtschaften von Überschüssen auch Gewinne an die Eigenkapitalgeber ausschütten kann. Dabei ist jedoch zu beachten, dass nicht der gesamte Gewinn an die Eigenkapitalgeber ausbezahlt werden sollte. Überschüsse sollten vielmehr erst dann ausgeschüttet werden, nachdem zuvor ausreichend Finanzmittel für künftige Forschungs- und Entwicklungsaktivitäten zur Erreichung der langfristigen Unternehmensziele sowie für Umweltschutzmassnahmen und weitere Massnahmen zur Erfüllung der Ansprüche aller anderen Anspruchsgruppen eingesetzt wurden. Damit kommt ein Unternehmen seinen gesellschaftlichen Verpflichtungen nach.

Gewinn

Der Gewinn allein ist als erfolgskritischer Schlüsselfaktor der finanzwirtschaftlichen Perspektive noch nicht aussagekräftig genug. Ein Gewinn von 100 Franken ist bei einer Investition von 1000 Franken viel, bei einer Investition von 100 000 Franken dagegen wenig. Es lohnt sich deshalb, zur Steigerung der Aussagekraft den erzielten Gewinn im Verhältnis zum eingesetzten Kapital zu betrachten. In diesem Falle spricht man von Rentabilität oder Rendite. Die geläufigsten Rentabilitätskennzahlen sind die Gesamtkapitalrentabilität, die Eigenkapitalrentabilität und die Umsatzrentabilität (▶ Abb. 2-3). Sie setzen den Gewinn ins Verhältnis zum Kapital oder zum Umsatz, um die Wirtschaftlichkeit zu messen. Die Rentabilitätskennzahlen geben an, in welcher Höhe sich das eingesetzte Kapital in der betreffenden Periode verzinst hat.

Rentabilität

Die Kapitalgeber sind sehr daran interessiert zu erfahren, wie gut sich ihr im Unternehmen investiertes Kapital verzinst, sprich wie hoch die unmittelbare und zukünftige Rentabilität ist; denn sie könnten das einem Unternehmen zur Verfügung gestellte Kapital auch in ein anderes Projekt (anderes Unternehmen etc.) investieren, durch das sie möglicherweise bei gleichem Kapitaleinsatz und gleichem oder geringerem Risiko eine höhere Rendite erhalten würden. Die Erzielung einer attraktiven, risikogerechten Rendite muss deshalb aus finanzwirtschaftlicher Sicht das langfristige Hauptziel bei der Gründung und Führung eines Unternehmens sein. Dies deshalb, weil nur Unternehmen mit attraktiven Renditeaussichten Finanzmittel auf den Kapitalmärkten beschaffen und damit fremdfinanzierte Investitionen für zukünftiges Wachstum tätigen können.

Kennzahl	Beschreibung
Gesamtkapitalrentabilität	Die Gesamtkapitalrentabilität zeigt die Rentabilität des gesamten im Betrieb gebundenen Kapitals, unabhängig von dessen Herkunft. Die Gesamtkapitalrentabilität errechnet sich aus dem Gewinn (vor Zinsaufwendungen und Steuern), dividiert durch das von einem Unternehmen innerhalb einer Periode eingesetzte Kapital. Für die Gesamtkapitalrentabilität interessieren sich vor allem Banken, Fremdkapitalgeber und potenzielle Käufer.
Eigenkapitalrentabilität (Return on Equity, ROE)	Die Eigenkapitalrentabilität zeigt, wie viel Gewinn auf das Eigenkapital entfällt. Die Eigenkapitalrentabilität interessiert vor allem die Eigenkapitalgeber für den Vergleich ihres Kapitaleinsatzes zu Anlagealternativen.
Umsatzrentabilität (Return on Sales, ROS)	Die Umsatzrentabilität zeigt an, wie hoch der Gewinn im Verhältnis zum Umsatzerlös ist. Die Kennzahl Umsatzrentabilität zeigt den pro Umsatzfranken im Unternehmen verbleibenden Reingewinn und ist eine wichtige Orientierungsgrösse für das Management im Hinblick auf das Einleiten von Massnahmen zur Steigerung der Wirtschaftlichkeit.

▲ Abb. 2-3 Rentabilitätskennzahlen

2.2.1.4 Wertsteigerung

Wie die bisherigen Ausführungen gezeigt haben, dienen sowohl die Umsatz- und Gewinnerzielung als auch insbesondere die Liquiditätsbewahrung zunächst einmal der Sicherheit und finanziellen Unabhängigkeit eines Unternehmens. Darüber hinaus ermöglicht finanzieller Erfolg einem Unternehmen, langfristig gezielt zu wachsen und Investitionen für

Investitionen für Innovationsvorhaben

Innovationsvorhaben sowohl aus eigener Kraft (selbsterwirtschaftete Mittel) als auch durch die günstige Beschaffung zusätzlicher Finanzmittel (Eigenkapitalaufstockung oder Aufnahme von Fremdkapital) zu finanzieren. Und gerade die Fähigkeit eines Unternehmens, laufend neue Innovationen hervorzubringen, ist für den langfristigen Erfolg im Wettbewerb unabdingbar. Nur Unternehmen, denen es gelingt, regelmässig neue Produkt- und Verfahrensinnovationen zu realisieren, steigern langfristig den Unternehmenswert.

Steigerung des Unternehmenswertes

Der Erfolg und Unternehmenswert von morgen liegt in wohlüberlegten, zukunftsträchtigen Investitionsentscheidungen heute. Dabei ist jedoch zu beachten, dass Innovationen typischerweise kurzfristig zuerst Kosten verursachen (z.B. personelle Ressourcen und Laboranlagen für die Forschung und Entwicklung sowie Material für die Herstellung von Prototypen), bevor sie im Falle einer erfolgreichen Markteinführung später Erträge abwerfen und damit langfristig finanziellen Wert schaffen.

Damit ein Unternehmen für seine Investitions- und Wachstumsvorhaben jederzeit den Überblick über den Finanzbedarf behält, ist im Rahmen der Finanzplanung eine sorgfältige Investitions- und Kapitalbedarfsplanung erforderlich. Ein Kapitalbedarfsplan zeigt auf, wie viel Kapital

Investitions- und Kapitalbedarfsplanung

ein Unternehmen für die Gründung bzw. in späteren Phasen für die Innovations- und Wachstumsfinanzierung benötigt. Die Investitionsplanung zeigt zudem, wie die Mittel für einen vollständig funktionierenden Betrieb verwendet werden sollen. Der Investitionsplan berücksichtigt dabei nicht nur die Investitionen für die erforderlichen Produktionsmittel, Einrichtungen etc., sondern auch einmalige Anschubfinanzierungen bis zum ersten Geldeingang durch die Kunden.

2.2.2 Kundenorientierte Perspektive

Die kundenorientierte Perspektive bildet die strategischen Ziele des Unternehmens in Bezug auf die Marktsegmente ab und bezieht sich auf all jene Marketing- und Verkaufsaktivitäten eines Unternehmens, die unmittelbar auf den Absatzmarkt ausgerichtet sind.

Kundenzufriedenheit

Kundengewinnung und -bindung

Marktanteil

Vorrangiges Ziel aus markt- bzw. kundenorientierter Sicht ist die Erhöhung der Kundenzufriedenheit durch die Gestaltung eines attraktiven Leistungsangebotes. Kundenzufriedenheit bildet die Basis, um einerseits bestehende Kunden ans Unternehmen zu binden und andererseits neue Kunden zu gewinnen, was letztlich der Sicherung und Erhöhung des eigenen Marktanteils dient. All diese Schlüsselfaktoren (▶ Abb. 2-4)

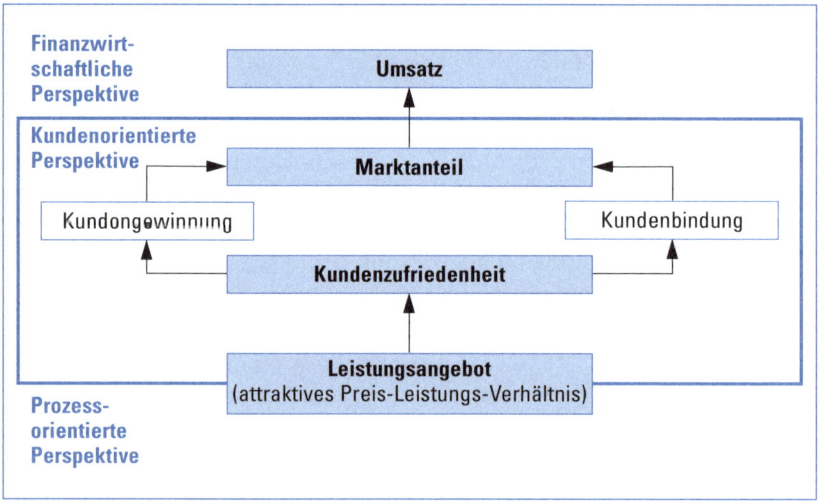

▲ Abb. 2-4 Schlüsselfaktoren wertorientierter Unternehmensführung aus kundenorientierter Perspektive

stellen über den Umsatz die ertragsseitigen Quellen für das Erreichen der finanziellen Unternehmensziele dar und bauen auf der Gestaltung kundenorientierter Geschäftsprozesse auf.

2.2.2.1 Kundenzufriedenheit

Finanzieller Erfolg lässt sich nur erzielen, wenn mit dem Leistungsangebot die Bedürfnisse der Kunden erfüllt und damit die Kunden zufriedengestellt werden. Eine wichtige Rolle spielen dabei der Preis, die Qualität eines Produktes bzw. einer Dienstleistung und der Faktor Zeit (z.B. Lieferfristen), wobei diese drei Leistungsmerkmale von Zielgruppe zu Zielgruppe unterschiedlich stark gewichtet werden.

Attraktives Preis-Leistungs-Verhältnis

Kundennutzen

Kundenrentabilität

Eine hohe Kundenzufriedenheit wird erreicht, wenn es dem Unternehmen gelingt, ein Produkt bzw. eine Dienstleistung zu einem aus Sicht des Kunden attraktiven Preis-Leistungs-Verhältnis anzubieten und so einen hohen Kundennutzen zu stiften. Dabei ist darauf zu achten, dass durch die Befriedigung der Kundenbedürfnisse auch gleichzeitig ein finanzieller Nutzen für das Unternehmen erzielt wird. Dies deshalb, weil eine Steigerung der Kundenzufriedenheit aufgrund der anfallenden Kosten nicht Selbstzweck sein kann, sondern sich stets für das Unternehmen rechnen muss, sprich zu einer Verbesserung der Kundenrentabilität führen sollte. Konkret bedeutet dies, dass eine Erhöhung der Kundenzufriedenheit zumindest eine Steigerung der Umsätze bei den bestehenden Kunden durch wiederholtes Kaufen oder die Gewinnung neuer attraktiver Kunden bewirken sollte.

2.2.2.2 Kundenbindung

Schlüsselkunden (Key Accounts)

Kunden zufriedenzustellen und an das Unternehmen zu binden, ist eine wichtige Voraussetzung für das Erzielen regelmässiger Umsätze über längere Zeit. Dies gilt umso mehr, als die meisten Unternehmen in der Regel mit zirka 20 Prozent ihrer Kunden (den sogenannten Schlüsselkunden bzw. Key Accounts) rund 80 Prozent ihres Umsatzes realisieren. Es lohnt sich deshalb, sich gerade für diese profitablen Schlüsselkunden ausgiebig Zeit zur systematischen Beziehungspflege zu nehmen.

Kosten- und/oder Differenzierungsvorteile

Die Zielsetzung von Kundenbindungsmassnahmen besteht darin, eine relativ dauerhafte Beziehung zwischen dem Kunden und dem Unternehmen zum beiderseitigen Vorteil aufzubauen und mit der Zeit eine gewisse Planbarkeit der zukünftigen Umsätze zu realisieren. Kundentreue ist dabei typischerweise das Ergebnis von Kosten- bzw. Differenzierungsvorteilen wie beispielsweise hoher Produkt- bzw. Dienstleistungsqualität, exzellentem Service und Aufgeschlossenheit gegenüber spezifischen Kundenanliegen. Kundenbindungsmassnahmen (z.B. Kundenkontaktprogramme mit Clubkarten oder Vielfliegerprogramme mit Rabatten in Form von Freiflügen etc.) sind deshalb betriebswirtschaftlich sinnvoll, weil die Gewinnung von neuen Kunden oft mit hohen Akquisitionskosten verbunden ist und folglich die Kundenrentabilität bei bestehenden Kunden in der Regel höher ist als diejenige bei neuen Kunden oder bei Ersatzkunden. Treue Kunden wissen den Wert der Produkte und Dienstleistungen zu schätzen und sind entsprechend auch oft bereit, etwas höhere Preise zu bezahlen.

2.2.2.3 Kundengewinnung

Jedes Unternehmen muss Produkte oder Dienstleistungen verkaufen. Dafür reicht es nicht aus, einfach irgendwo ein Unternehmen zu gründen und dann darauf zu warten, bis die Kunden vorbeikommen bzw. Aufträge «von allein» eingehen. Produkte und Dienstleistungen müssen vielmehr aktiv vermarktet werden. Ob dabei ein Unternehmen durch den geschickten Einsatz verschiedener Marketing-Instrumente (Marketing-Mix) Kunden gewinnen kann, hängt wesentlich davon ab, inwieweit es einem Unternehmen gelingt, einen erfolgreichen Marktauftritt zu gestalten. Das Bestreben wertorientierter Unternehmensführung muss darin bestehen, einen einzigartigen Vorteil gegenüber der Konkurrenz (sogenannte Unique Selling Proposition, USP) aufzubauen und diesen so zu kommunizieren, dass die Kunden der angestrebten Zielgruppe auf das angebotene Produkt- bzw. Dienstleistungsangebot aufmerksam und zu Käufern werden. Dies ist eine Herausforderung, die oft mit beachtlichen Anstrengungen und Kosten verbunden ist. Aus diesem Grund sollte gerade beim Erstkontakt mit einem potenziellen Zielkunden ein nachhaltig positiver Eindruck hinterlassen werden, der die Basis für den Aufbau einer langfristig erfolgreichen Kundenbeziehung bildet.

Marketing-Instrumente

Unique Selling Proposition (USP)

Für ein bereits etablierteres Unternehmen ist es natürlich am attraktivsten, Kunden quasi «gratis» dazuzugewinnen, zum Beispiel weil ein positives Image für einen Zustrom von Neukunden sorgt oder weil positive Mundpropaganda von zufriedenen bestehenden Kunden zu einer Vergrösserung des Kundenstamms und damit zu einer Steigerung des eigenen Marktanteils führt.

2.2.2.4 Marktanteil

Durch gezielte Kundengewinnungs- und -bindungsmassnahmen sollte es einem Unternehmen gelingen, langfristig den eigenen Marktanteil schrittweise auf- und laufend weiter auszubauen. Hohe Marktanteile führen in der Regel zu einer höheren Marktmacht, sprich zur Fähigkeit eines Unternehmens, den Marktpreis auf den Absatzmärkten zu beeinflussen oder die Konditionen auf den Beschaffungsmärkten festzulegen. Dasjenige Unternehmen, das einen höheren Marktanteil realisiert, kann also beispielsweise über grössere Einkaufsmengen und Mengenrabatte von geringeren Einkaufspreisen profitieren, was sich kostenseitig positiv auf die Rentabilität auswirkt.

Marktmacht

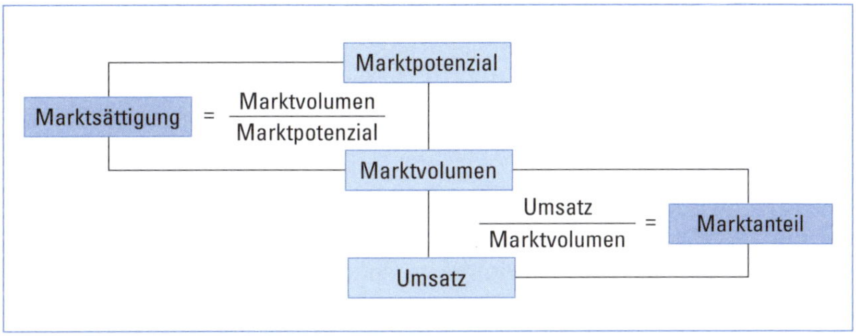

▲ Abb. 2-5 Zentrale Marktgrössen

Zentrale Marktgrössen

Im Zusammenhang mit dem Begriff Marktanteil bietet es sich an, sich sogleich mit ein paar zentralen Marktgrössen vertraut zu machen (◀ Abb. 2-5).

- Marktanteil: Der Marktanteil eines Unternehmens definiert sich als prozentualer Anteil des Absatzes oder Umsatzes am gesamten Marktvolumen bezüglich eines Produktes bzw. einer Dienstleistung.
- Marktvolumen: Das Marktvolumen zeigt den gesamten jährlichen Umsatz bzw. Absatz aller Anbieter auf einem Markt für ein bestimmtes Produkt bzw. eine bestimmte Dienstleistung. Es entspricht der tatsächlichen Grösse eines Marktes hinsichtlich Menge und Wert.
- Marktpotenzial: Als Marktpotenzial wird der maximale theoretische Umsatz bzw. Absatz für ein bestimmtes Produkt bzw. eine bestimmte Dienstleistung bezeichnet, der bei optimalen Marketinganstrengungen für alle Anbieter erreichbar wäre. Das Marktpotenzial ist eine Schätzgrösse und entspricht dem maximal möglichen zukünftigen Marktvolumen, sprich der maximalen potenziellen Nachfrage nach einem Produkt bzw. einer Dienstleistung.
- Marktsättigung: Die Marktsättigung drückt den prozentualen Anteil des Marktvolumens am Marktpotenzial aus. Der Sättigungsgrad zeigt, wie stark ein Markt bereits durchdrungen ist. Sind Marktvolumen und Marktpotenzial deckungsgleich, spricht man von einem gesättigten Markt.

Die Marktgrössen aus der ökonomischen Umweltsphäre sind aus kundenorientierter Perspektive grundlegende Daten für sehr viele unternehmerische Entscheide und beeinflussen insbesondere auch stark die Umsatzplanung und -entwicklung. In einem gesättigten Markt mit begrenzten Wachstumschancen beispielsweise stehen die Unternehmen in einem harten Verdrängungswettbewerb, in welchem oft versucht wird, der Konkurrenz durch preispolitische Aktionen Kunden abzuwerben und damit den eigenen Marktanteil zu steigern. Um in gesättigten Märkten und bei stagnierenden Umsatzwachstumsraten dennoch wettbewerbsfähig zu bleiben und attraktive Renditen zu erzielen, gilt es, entweder durch Produkt- und Leistungsinnovationen neue, attraktive Märkte zu erschliessen oder durch eine Verbesserung der Geschäftsprozesse die Kosten zu senken.

2.2.3 Prozessorientierte Perspektive

Die prozessorientierte Perspektive bildet die strategischen Ziele des Unternehmens im Bezug auf die betrieblichen Wertschöpfungsprozesse ab. Sie bezieht sich auf sämtliche Massnahmen, die auf eine Verbesserung der Prozessabläufe, auf eine Senkung der Kosten bei gleichbleibender Qualität oder auf eine Verkürzung der Bearbeitungszeit eines Kundenauftrages ausgerichtet sind.

Effektivität und Effizienz

Produktivität und Wirtschaftlichkeit

Hauptziele aus prozessorientierter Sicht sind die Erhöhung der Kundenzufriedenheit durch die Gestaltung effektiver Geschäftsprozesse und die Steigerung der Produktivität und Wirtschaftlichkeit durch die Gestaltung effizienter Geschäftsprozesse. Effektivität und Effizienz sowie Produktivität und Wirtschaftlichkeit sind damit zentrale Schlüsselbegriffe bzw. -faktoren der Prozessperspektive (▶ Abb. 2-6). Produktivitätssteigerungen in den Prozessabläufen führen zu Kosteneinsparungen und -vorteilen gegenüber der Konkurrenz. Diese Kosteneinsparungen können ent-

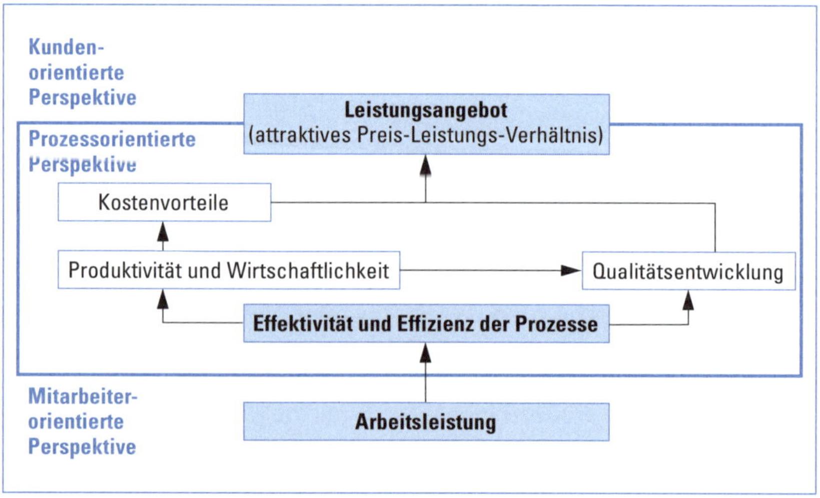

▲ Abb. 2-6 Schlüsselfaktoren wertorientierter Unternehmensführung aus prozessorientierter Perspektive

Kostenvorteile

Qualitätsentwicklung

weder durch eine Verbesserung des Preis-Leistungs-Verhältnisses (Preissenkung oder Qualitätsentwicklung) direkt an die Kunden weitergegeben werden oder durch Gewinnausschüttungen zur Erfüllung der Renditeerwartungen der Eigenkapitalgeber genutzt werden.

2.2.3.1 Effektivität und Effizienz der Prozesse

Geschäftsprozesse sind quasi das Nervensystem eines Unternehmens. Durch die Gestaltung und Steuerung der Geschäftsprozesse werden alle Aktivitäten des Unternehmens konsequent auf die Bedürfnisse von Kunden und anderen Anspruchsgruppen ausgerichtet. Nur wenn die Geschäftsprozesse richtig funktionieren, d.h. sowohl effektiv auf den Absatzmarkt ausgerichtet als auch effizient gestaltet sind, wird ein Unternehmen langfristig erfolgreich sein.

Die Begriffe Effektivität und Effizienz von Prozessen haben folgende Bedeutung:

Effektivität

Die richtigen Dinge tun

- Die Effektivität als Grad der Zielerreichung steht für die Aussensicht der Prozesse. Ein Prozessablauf ist effektiv, wenn das definierte Ziel erreicht und damit die gewünschte Wirkung (Effekt, Nutzenstiftung) erzielt wird. Mit anderen Worten: Effektivität bedeutet, die richtigen Dinge zu tun. Beispiele dafür sind die Auswahl der richtigen Marktsegmente oder die Entwicklung der nachgefragten Produkte. Effektive Prozesse bewirken durch ihre Ausrichtung auf den Kundennutzen eine hohe Kundenzufriedenheit und schaffen damit die Voraussetzungen für hohe Marktanteile und Umsätze.

Effizienz

Die Dinge richtig tun

- Die Effizienz der Prozesse als Kosten-Nutzen- bzw. Input-Output-Verhältnis der Zielerreichung steht für die Innensicht der Prozesse. Ein Prozess wird effizient durchgeführt, wenn das gewünschte Ergebnis bzw. die gesetzten Ziele ökonomisch (d.h. unter minimalem Ressourceneinsatz bzw. mit geringstmöglichem Aufwand) und damit durch eine hohe Prozessproduktivität erreicht werden. Mit anderen Worten: Effizienz bedeutet, die Dinge richtig zu tun.

Operative Exzellenz

Effiziente und effektive Prozesse der Leistungserstellung und die damit einhergehende operative Exzellenz ermöglichen es einem Unternehmen, durch rationelle Abläufe eine hohe unternehmerische Wertschöpfung zu erzielen und gleichzeitig den Kunden dank Kostenvorteilen attraktive Preise anzubieten.

2.2.3.2 Produktivität und Wirtschaftlichkeit

Ein Unternehmen muss produktiv sein, damit es wirtschaftlich arbeitet und eine hohe Rentabilität erzielt. Die Erhöhung der Effizienz bedeutet mengenmässig eine Steigerung der Produktivität und wertmässig eine Steigerung der Wirtschaftlichkeit.

Die Begriffe Produktivität und Wirtschaftlichkeit haben folgende Bedeutung:

Produktivität

- Die Produktivität beschreibt das Verhältnis von erzeugten Leistungen (Output: z.B. Güter, Dienstleistungen) zu eingesetzten Mitteln und Leistungen (Input: z.B. menschliche Arbeit, Wissen, Werkstoffe, Betriebsmittel etc.) im betrieblichen Wertschöpfungsprozess. Es ist stets ein Verhältnis zwischen zwei Mengen (z.B. produzierte Stückzahl pro Arbeitsstunde). Die Produktivität nimmt zu, wenn Menschen oder Maschinen effizienter arbeiten: Entweder erstellen sie gleich viel mit weniger Input (sogenanntes Minimumprinzip), oder sie erzielen mit gleichem Input eine bessere Qualität bzw. produzieren eine grössere Menge (sogenanntes Maximumprinzip).

Wirtschaftlichkeit

- Der Begriff Wirtschaftlichkeit stellt auf den finanziellen Unternehmenserfolg ab und ist als wertmässiges, monetär bewertetes Verhältnis zwischen erreichtem Ergebnis (Ertrag) und dafür benötigten Mitteleinsatz (Aufwand) definiert. Wirtschaftlich sein bedeutet, aus den vorhandenen Ressourcen den grösstmöglichen Nutzen zu ziehen, sprich nichts zu verschwenden und das ökonomische Prinzip (Minimum- oder Maximumprinzip) einzuhalten. Die Wirtschaftlichkeit lässt sich erhöhen, indem man ein möglichst günstiges Verhältnis zwischen Zielerreichung und Mitteleinsatz realisiert.

Zur Steigerung der Produktivität bzw. zur Verbesserung der Wirtschaftlichkeit der Leistungserbringung ist ein Unternehmen herausgefordert, die Geschäftsprozesse laufend zu optimieren und zielgerichtet nach Kostensparpotenzialen zu suchen.

2.2.3.3 Kostenreduktion

Um den Kunden auf den Absatzmärkten Produkte und Dienstleistungen zu einem attraktiven Preis-Leistungs-Verhältnis anbieten zu können, bedarf es unternehmensintern einer kostenbewussten Ressourcenbeschaffung und Leistungserbringung. Dies bedeutet, dass sämtliche Beschaffungs-, Entwicklungs- und Produktionsprozesse sowie alle Management- und Verwaltungsprozesse laufend dahingehend überprüft werden, ob es Tätigkeiten im Unternehmen gibt, die nicht notwendig und nutzenstiftend sind und damit durch gezielte Rationalisierungs- und Effizienzsteigerungsmassnahmen eingespart werden können. Solche Rationalisierungs- und Effizienzsteigerungsmassnahmen dienen der Senkung der Kosten und andersartigen Verwendung der frei werdenden Ressourcen. Sie sind neben den Marketing- und Verkaufsaktivitäten zur Steigerung der Umsätze ein wesentlicher Schlüsselfaktor für die nachhaltige Erzielung von Gewinnen.

Rationalisierungs- und Effizienzsteigerungsmassnahmen

2.2.3.4 Qualitätsentwicklung

Neben der Reduktion bzw. dem Niedrighalten der Kosten durch gezielte Rationalisierungs- und Effizienzsteigerungsmassnahmen sollen aus prozessorientierter Sicht auch die Geschwindigkeit und die Flexibilität der Leistungserstellung sowie die Qualität des Leistungsangebotes laufend verbessert werden. Es ist Aufgabe des Qualitätsmanagements, dafür zu sorgen, dass die qualitätsrelevanten Forderungen der Kunden erfüllt und damit die Prozessabläufe im Unternehmen laufend daraufhin optimiert werden. Bei dieser kontinuierlichen Verbesserung der Geschäftsprozesse mit dem Ziel der Qualitätssteigerung der angebotenen Produkte und Dienstleistungen spielt der Einbezug der Mitarbeitenden eine zentrale Rolle.

Qualitätsmanagement

2.2.4 Mitarbeiterorientierte Perspektive

Ausgeführt werden die Geschäftsprozesse von den Mitarbeitenden. Sie sind mit ihrem Wissen, ihren Fähigkeiten und ihrer Erfahrung die eigentliche Quelle der Wertsteigerung und tragen letztlich mit ihrem Engagement und ihrer Kreativität entscheidend zum Erfolg eines Unternehmens bei. Leistungsfähige und -willige Mitarbeitende erlauben es einem Unternehmen, den betrieblichen Wertschöpfungsprozess effizient, sprich mit hoher Arbeitsproduktivität, zu gestalten und die Kundenbedürfnisse effektiv zu erfüllen.

Arbeitsleistung

Die Leistungsfähigkeit und der Leistungswille der Mitarbeitenden hängt von zahlreichen Schlüsselfaktoren ab, die sich gegenseitig beeinflussen (▶ Abb. 2-7). Zunächst einmal müssen die einzelnen Mitarbeiten-

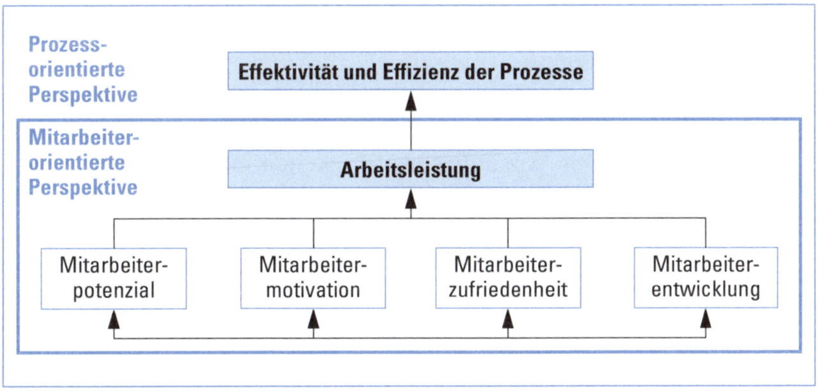

▲ Abb. 2-7 Schlüsselfaktoren wertorientierter Unternehmensführung aus mitarbeiterorientierter Perspektive

Mitarbeiterpotenzial

den sorgfältig ausgewählt und entsprechend ihrem individuellen Potenzial am richtigen Ort eingesetzt werden. Mitarbeitende, die sich ihren Aufgaben gewachsen und aufgrund eines guten Arbeitsklimas am Arbeitsplatz wohlfühlen, sind zufrieden und damit in der Regel auch motiviert. Eine hohe Zufriedenheit und Motivation schlägt sich gewöhnlich in guten Arbeitsleistungen und kundenorientiertem Verhalten nieder. Das Erbringen konstant guter Arbeitsleistungen bedingt zudem, dass sich die Mitarbeitenden regelmässig weiterbilden; denn nur Mitarbeitende, die lebenslang lernen und sich laufend weiterentwickeln, sind den sich ständig verändernden Anforderungen und dem steten Wandel gewachsen.

Zufriedenheit und Motivation

Mitarbeiterentwicklung

2.2.4.1 Mitarbeiterpotenzial und Leistungshonorierung

Eine gute Arbeitsleistung setzt voraus, dass die Mitarbeitenden im betrieblichen Wertschöpfungsprozess entsprechend ihren Fähigkeiten und Talenten eingesetzt und bei ihrer Tätigkeit am Arbeitsplatz weder über- noch unterfordert werden. Erfolgreiche Unternehmen legen deshalb grossen Wert auf eine sorgfältige Personalauswahl und achten darauf, dass das Anforderungsprofil an eine Stelle mit den Kompetenzen des Bewerbers möglichst gut übereinstimmt. Bewährt sich ein Mitarbeiter nach systematischer Einführung an seinem Arbeitsplatz, so sorgen erfolgreiche Unternehmen dafür, dass er sich laufend weiterentwickeln und zunehmend anspruchsvollere Aufgaben übernehmen kann. Dies erfolgt beispielsweise dadurch, dass das Aufgabengebiet erweitert, zusätzliche Verantwortung übertragen oder die Mitwirkung an anspruchsvollen Projekten ermöglicht wird. Solche und weitere Fördermassnahmen zur Nutzung des Mitarbeiterpotenzials wirken sich in der Regel leistungssteigernd aus und haben insbesondere in Kombination mit der Belohnung guter Leistungen einen positiven Einfluss auf die Mitarbeitermotivation.

Personalauswahl

Fördermassnahmen

2.2.4.2 Mitarbeitermotivation

Voraussetzung für ein ziel- und leistungsorientiertes Verhalten der Mitarbeitenden ist deren Motivation. Erst die Motivation, sprich das «Erzielenwollen» von Ergebnissen, macht es möglich, dass die Mitarbeitenden ihre persönlichen Fähigkeiten in Arbeitsleistung umsetzen. Ohne Motivation werden hingegen die Mitarbeitenden ihre Potenziale nur unzureichend nutzen. Die Motivation führt bei den Mitarbeitern zu Eigeninitiative und erhöht die Bereitschaft und das Engagement, sich für das Unternehmen und die Erreichung der Unternehmensziele einzusetzen. Eine wichtige Aufgabe der Unternehmensführung besteht deshalb darin, durch die Gestaltung attraktiver Rahmenbedingungen wie flexible, familienfreundliche Arbeitszeiten ein motivierendes Arbeitsklima und eine qualitäts- und leistungsfördernde Unternehmenskultur zu schaffen. Je

Arbeitsklima

Unternehmenskultur

wohler und motivierter sich die Mitarbeitenden an ihrem Arbeitsplatz fühlen, umso loyaler werden sie sich dem Arbeitgeber gegenüber verhalten. Die Chancen sind gross, dass die Arbeitsproduktivität durch eine grössere Leistungsbereitschaft zunimmt und die Kundenzufriedenheit und damit der Umsatz aufgrund besserer Kundenfreundlichkeit der Mitarbeitenden steigt.

2.2.4.3 Mitarbeiterzufriedenheit

Langfristig erfolgreiche und damit auch mitarbeiterorientierte Unternehmensführung orientiert sich am Ziel, neben einer hohen Arbeitsproduktivität und hoher Mitarbeitermotivation auch eine hohe Mitarbeiterzufriedenheit zu erreichen. Die Zufriedenheit der Mitarbeiter bildet eine grundlegende Basis für den finanziellen Erfolg eines Unternehmens. Es sind die Mitarbeitenden, die massgeblich für die Qualität der erbrachten Leistung, für den Kundenservice und für Produktivitätssteigerungen verantwortlich sind. Mitarbeiter- bzw. Arbeitszufriedenheit wird in der Regel erreicht, wenn die Mitarbeitenden über einen interessanten Arbeitsinhalt hinaus in ausreichendem Masse Wertschätzung, Anerkennung durch Vorgesetzte und Teammitglieder, Arbeitsplatzsicherheit, Entscheidungsspielräume, gute Beziehungen zu Kollegen und Möglichkeiten zur eigenständigen Arbeitsgestaltung wahrnehmen.

Wertschätzung und Anerkennung

Entscheidungsspielräume

2.2.4.4 Mitarbeiterentwicklung

Der zukünftige Erfolg eines Unternehmens hängt aus mitarbeiterorientierter Sicht wesentlich davon ab, wie gut die Mitarbeitenden in der Lage sind, sich an die laufend ändernden Rahmenbedingungen (z. B. aufgrund des technologischen Fortschritts) und Arbeitsanforderungen anzupassen. Ziel der Mitarbeiter- bzw. Personalentwicklung muss es deshalb sein, die Kenntnisse, Fähigkeiten und Kompetenzen der Mitarbeitenden durch gezielte Aus- und Weiterbildungsmassnahmen regelmässig zu fördern. Neben fachlicher und methodischer Weiterqualifizierung steht dabei die Befähigung der Mitarbeitenden im Umgang mit Veränderungen und wachsenden Leistungsanforderungen sowie im sozialkompetenten Umgang mit Arbeitskolleginnen und -kollegen im Zentrum der Personal- und Organisationsentwicklung.

Aus- und Weiterbildung

2.3 Ursache-Wirkungs-Zusammenhänge erfolgreicher Unternehmensführung

Zusammenfassend lässt sich festhalten, dass der langfristige Erfolg eines Unternehmens von zahlreichen Schlüsselfaktoren abhängt. Diese erfolgskritischen Schlüsselfaktoren wertorientierter Unternehmensführung stehen untereinander in vielfältigen Ursache-Wirkungs-Beziehungen und damit in gegenseitigen Verflechtungen und Abhängigkeiten. Diese Abhängigkeiten sind vereinfacht in ▶ Abb. 2-8 dargestellt.

Erfolgskritische Schlüsselfaktoren

Basis und damit eigentlicher Nährboden nachhaltig erfolgreicher Unternehmensführung bilden die Schlüsselfaktoren der Mitarbeiterperspektive. Qualifizierte und motivierte Mitarbeitende bilden die Voraussetzung für eine effektive und effiziente Abwicklung der Geschäftsprozesse und die Erzeugung eines Leistungsangebotes zu einem attraktiven Preis-Leistungs-Verhältnis. Ein attraktives Leistungsangebot und ein überzeugender Marktauftritt bilden wiederum die Voraussetzungen für eine hohe Zufriedenheit der Kunden mit den angebotenen Produkten und Dienstleistungen und damit für die Erwirtschaftung hoher Umsätze. Diese hohen Umsätze sind es, die neben einer kostengünstigen Leistungserstellung durch schlanke Prozessabläufe die Quelle für nachhaltig hohe Gewinne und damit wesentliche Grundlage für die Erzielung einer hohen Rendite sind. Und hohe Renditen führen zu zufriedenen Kapitalgebern, was letztlich die Kapitalbeschaffung für weiteres profitables Wachstum erleichtert und dem langfristigen Fortbestand des Unternehmens als gemeinsames Interesse aller Anspruchsgruppen dient. Gerade solche Unternehmen, die ihren Unternehmenswert steigern und damit langfristig sichere Arbeitsplätze mit abwechslungsreichen Aufgaben schaffen, sind attraktive Arbeitgeber und für qualifizierte und motivierte Mitarbeitende mit hohem Leistungspotenzial besonders interessant. Damit beginnt der Kreislauf der nachhaltigen Wertsteigerung eines Unternehmens von Neuem.

Mitarbeitende

Geschäftsprozesse

Kunden

Kapitalgeber

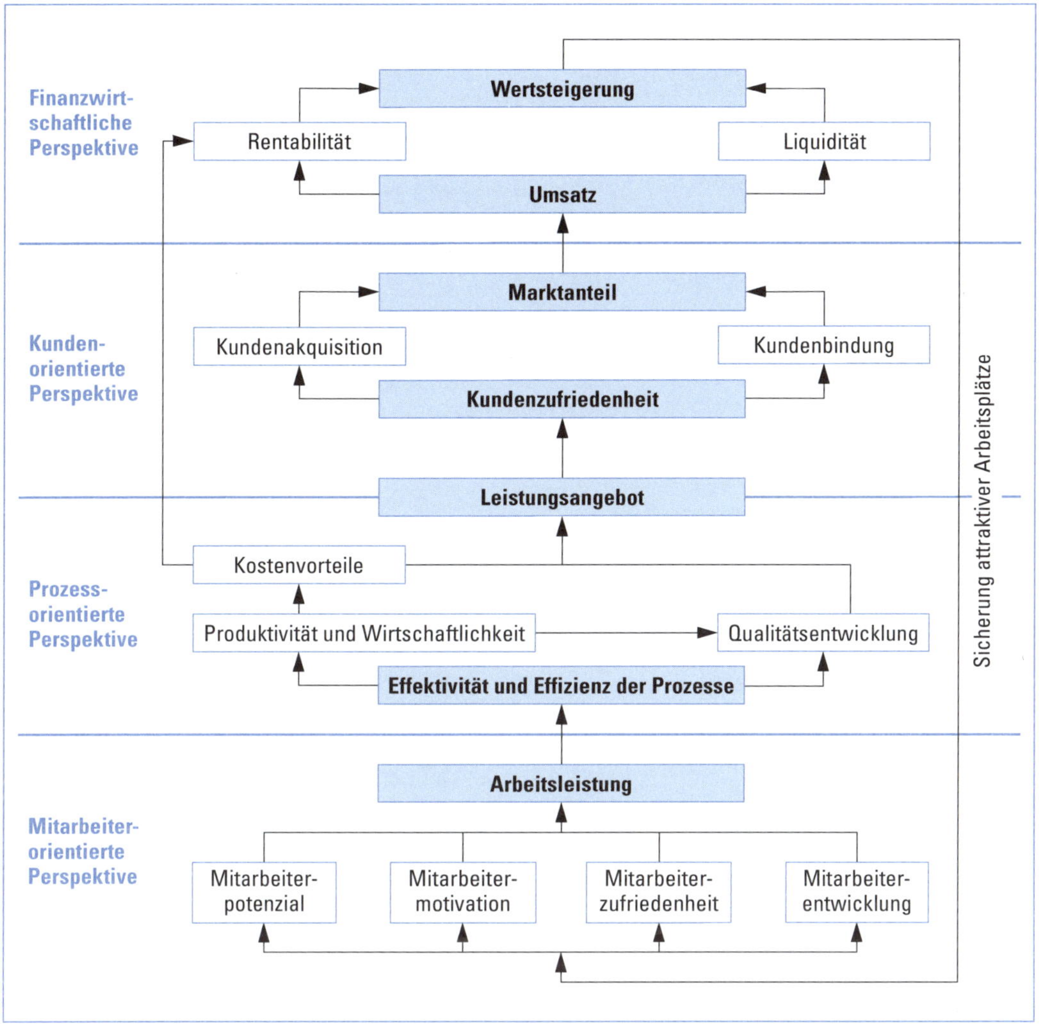

▲ Abb. 2-8 Ursache-Wirkungs-Zusammenhänge wertorientierter Unternehmensführung (vereinfacht)

Kapitel 3

Gründung und Führung eines Unternehmens

«Fragst du einen Manager, was er tut,
so wird er dir mit grosser Wahrscheinlichkeit sagen,
dass er plant, organisiert, koordiniert und kontrolliert.
Dann beobachte, was er wirklich tut.
Sei nicht überrascht, wenn du das, was du siehst,
in keinen Bezug zu diesen vier Wörtern bringen kannst.» Henry Mintzberg

Niemand baut ein Haus, solange erst eine grobe Idee vorliegt. Mit dem Hausbau wird erst dann begonnen, wenn über die Idee hinaus die konkreten Baupläne in allen Einzelheiten vorliegen und die finanziellen Mittel es zulassen. Dasselbe gilt auch für die Gründung eines Unternehmens. Die erfolgreiche Gründung und Führung eines Unternehmens ist eine komplexe Aufgabe und bedarf – wie der Hausbau – einer gründlichen Planung. Es lohnt sich, diese Herausforderung systematisch anzugehen und den zukünftigen Unternehmenserfolg nicht dem Zufall zu überlassen. Nur ein Unternehmen, dessen Management seine vielfältigen Aufgaben beherrscht, hat Aussicht auf dauerhaften unternehmerischen Erfolg. Dies mag einfach klingen, hat aber schon viele, anfangs Erfolg versprechende Unternehmen erst gar nicht entstehen und andere bereits in der Anfangsphase scheitern lassen. Auf dem Weg von der guten Idee über einen aussagekräftigen Business-Plan bis hin zur Realisierung ste-

Komplexe Herausforderung

hen viele Aufgaben an und sind verschiedene Hürden zu überwinden. Diese Hürden sind am besten durch ein schrittweises und systematisches Vorgehen und ein sorgfältiges Ausführen der einzelnen Managementaufgaben überwindbar.

Systematisches Vorgehen

3.1 Aufgaben des Managements im Überblick

Die generellen Aufgaben des Managements, die in jeder Leitungsfunktion wahrzunehmen sind, umfassen im Kern neben den unmittelbaren Personalführungsaufgaben die Aktivitäten der Planung, Durchführung bzw. Umsetzung, Erfolgskontrolle und kontinuierlichen Verbesserung. Diese vier Hauptaktivitäten des Managements spiegeln sich typischerweise in

Hauptaktivitäten des Managements

▲ Abb. 3-1 Hauptaktivitäten des Managements – PDCA-Zyklus

einem Regelkreis wider, der nach dem englischen «*plan–do–check–act*» auch als PDCA-Zyklus bezeichnet werden kann (◀ Abb. 3-1).

Vier Phasen des PDCA-Zyklus

Etwas detaillierter können die Hauptaktivitäten des Managements bei der Gründung und Führung eines Unternehmens entlang den vier Phasen des PDCA-Zyklus wie folgt beschrieben werden: Ausgehend von der Vision und den Unternehmenszielen wird in der Phase der strategischen Planung die Grundstrategie als geistiger Entwurf der zukünftig zu erreichenden Ziele definiert und typischerweise in einem Business-Plan weiter konkretisiert. Der Business-Plan wird anschliessend im Rahmen der Umsetzung durch die Gestaltung möglichst schlanker Geschäftsprozesse ausgeführt. Dabei wird die Zielerreichung laufend überwacht, und im Verlauf der Erfolgskontrolle wird die Effektivität und Effizienz des Wertschöpfungs- bzw. Leistungserstellungsprozesses anhand ausgewählter Kennzahlen überprüft. Es wird kontrolliert, inwieweit Planung und Umsetzung übereinstimmen. Auf Basis der Ergebnisse der Überprüfung der Ziel-

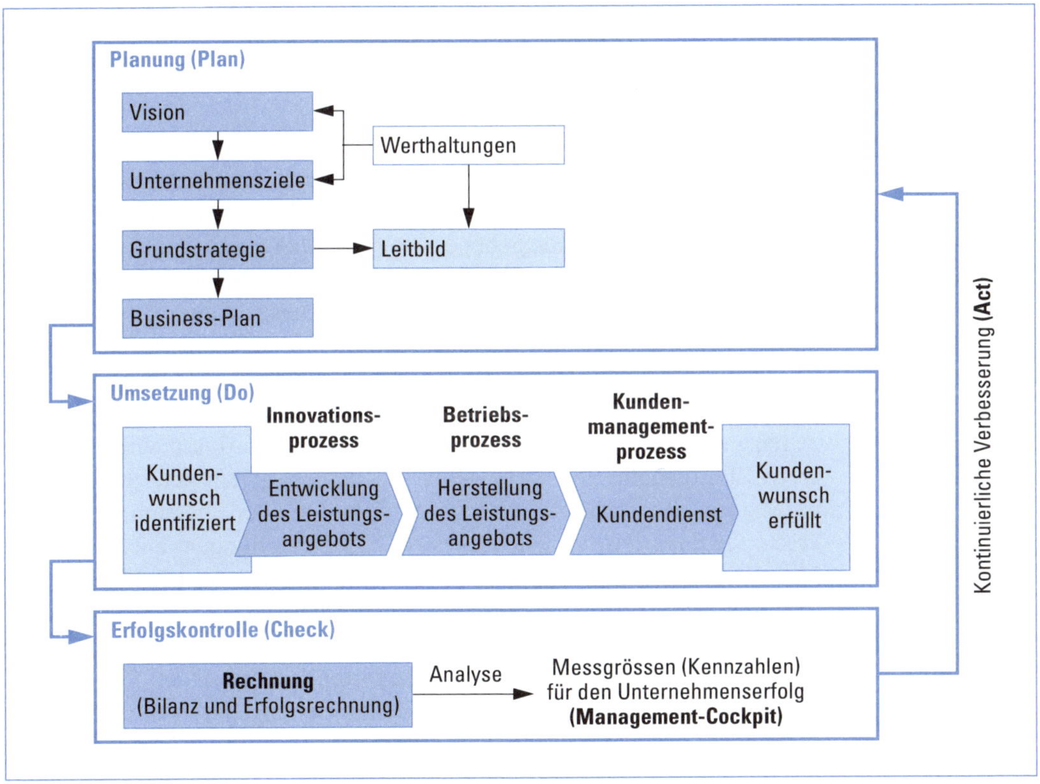

▲ Abb. 3-2 Regelkreis der Gründung und Führung eines Unternehmens

erreichung werden letztlich kontinuierlich Verbesserungsmassnahmen zur Steigerung der Qualität und Effizienz im Unternehmen eingeleitet. Ausserdem werden bei Bedarf die Unternehmensziele und die Strategie den Anforderungen der sich laufend verändernden Unternehmensumwelt angepasst. ◀Abb. 3-2 stellt den Prozess der Gründung und Führung eines Unternehmens entlang den vier Phasen Planung, Umsetzung, Erfolgskontrolle und kontinuierliche Verbesserung dar.

Regelkreis

In den folgenden Abschnitten 3.2 bis 3.5 werden die Elemente und Instrumente der einzelnen Phasen des Regelkreises der Gründung und Führung eines Unternehmens näher beschrieben. Dabei ist darauf hinzuweisen, dass jedes Unternehmen bei der strategischen Planung und Realisierung von Geschäftsideen eigene Wege geht und in der unternehmerischen Praxis unterschiedliche Begriffe und Instrumente verwendet werden. Die im Folgenden dargestellte grundsätzliche Vorgehensweise stellt deshalb lediglich einen möglichen roten Faden zur Gründung und langfristig erfolgreichen Führung eines Unternehmens dar.

3.2 Planung (Plan)

Von der Vision zum Business-Plan

Die erfolgreiche Gründung und Führung eines Unternehmens setzt eine sorgfältige strategische Planung voraus. Diese strategische Planung definiert – typischerweise ausgehend von einer überzeugenden Vision – die langfristigen Unternehmensziele und richtet im Folgenden alle weiteren Schritte und Entscheidungen konsequent an diesen Zielen aus. Die Formulierung der Unternehmensziele berücksichtigt dabei die Interessen der verschiedenen Anspruchsgruppen und baut auf Einschätzungen über die generellen Entwicklungen aus der ökonomischen, technologischen, sozialen und ökologischen Umweltsphäre auf. Beeinflusst wird die konkrete Zielformulierung (z.B. Höhe der angestrebten Rendite) darüber hinaus von den vorherrschenden Werthaltungen der obersten Führungskräfte. Idealerweise werden diese Grundeinstellungen auch von der Mehrheit der in einem Unternehmen beschäftigten Mitarbeitenden geteilt, damit bei der täglichen Zusammenarbeit möglichst wenig Wertkonflikte auftreten.

Sind die Zielsetzungen ausgewogen formuliert, gilt es, im Rahmen der Strategieentwicklung den Weg zur Zielerreichung durch die Formulierung einer Grundstrategie und eines darauf abgestimmten Business-Plans festzulegen. Die Grundstrategie ist ein streng vertrauliches Dokument, das nur einem ausgewählten Kreis innerhalb eines Unternehmens zu-

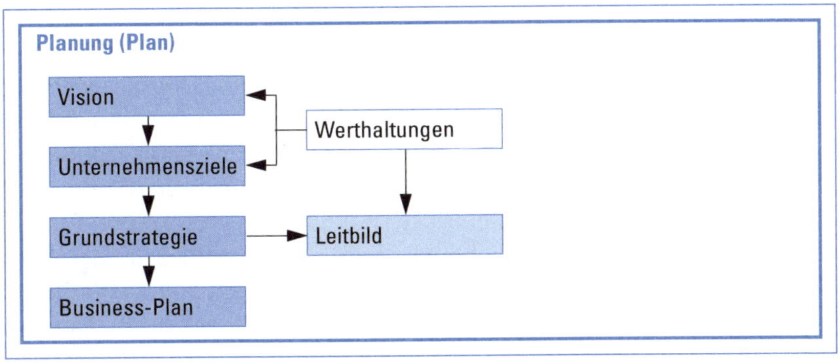

▲ Abb. 3-3 Aktivitäten bzw. Schritte in der Planungsphase

Leitbild

gänglich ist. Um dennoch die wichtigsten Ziele, strategischen Absichten und Werthaltungen des Managements in verallgemeinerter Form gegenüber allen Mitarbeitenden und weiteren Anspruchsgruppen als Orientierungsrahmen kommunizieren zu können, erstellen Unternehmen in Ergänzung zur geheimen Grundstrategie typischerweise auch ein öffentlich zugängliches Leitbild. Die einzelnen Aktivitäten bzw. Schritte in der Planungsphase sind in ◀ Abb. 3-3 dargestellt.

3.2.1 Vision, Unternehmensziele und Grundstrategie

Strategisch denken

Strategisch denken bedeutet, unternehmerische Entscheide an einer langfristigen Vision und am Verfolgen langfristiger Unternehmensziele auszurichten und sich nicht von vordergründigen Dringlichkeiten und glücklichen Zufällen leiten zu lassen. Strategisch ausgerichtete Unternehmen haben eine klare Zukunftsvorstellung und verfolgen konkrete und kommunizierte Ziele, die das tägliche Denken und Handeln im Unternehmen prägen.

3.2.1.1 Vision

Am Anfang jeder unternehmerischen Tätigkeit steht eine zündende, erfolgversprechende Geschäftsidee und damit eine zukunftsträchtige Vision. Die Vision ist die kanalisierende Kraft im Unternehmen. Sie hat die Aufgabe, den Mitarbeitenden ein einprägsames Bild zu vermitteln, wohin sich das Unternehmen langfristig entwickeln soll. Sie ist ein Idealbild des Unternehmens in der Zukunft und dient den Mitarbeitenden als Leitstern, indem sie allen vor Augen führt, worum es dem Unternehmen mittel- und langfristig geht. Mit der Vision ist die langfristige Zielsetzung

Idealbild und Leitstern

eines Unternehmens vorgezeichnet, vergleichbar mit der Absicht eines Seglers, der eine ferne Insel erreichen möchte.

Eine aussagekräftige Vision ist richtungsweisend, anspornend, plausibel und prägnant. Sie erklärt möglichst einfach die langfristige Absicht in einem oder wenigen Sätzen. Eine klare Zukunftsvorstellung hatte beispielsweise Bill Gates, der Gründer von Microsoft. Mit seiner Vision «A computer on every desk and in every home» formulierte er Anfang der 1980er Jahre eine einprägsame Leitidee, an der sich alle Mitarbeitenden bei Microsoft orientieren konnten. Allen Mitarbeitern wurde leicht verständlich kommuniziert, dass es Microsoft hauptsächlich darum ging, Computersoftware zu entwickeln, die für alle zugänglich, nutzbar und erschwinglich ist, und dass ein einfaches, leicht bedienbares Betriebssystem der Schlüssel zum Unternehmenserfolg sein sollte.

3.2.1.2 Unternehmensziele

Vision greifbar machen

Eine wichtige Aufgabe bei der Gründung und Führung eines Unternehmens besteht darin, die abstrakte Idee und Vision greifbar zu machen und damit so weit wie möglich durch die Formulierung langfristiger Unternehmensziele zu konkretisieren. Es ist beispielsweise zu entscheiden, ob schnelles oder langsames, kontinuierliches oder schubweises Wachstum angestrebt werden soll, ob man schwergewichtig eine Kosten- oder Qualitätsführerschaft verfolgt bzw. ob man regional, national oder international tätig sein will. Solche grundsätzlichen strategischen Entscheidungen bedürfen seitens des Managements sorgfältiger Überlegungen und sollten letztlich in Form konkreter, messbarer Unternehmensziele festgehalten werden. Ohne langfristige Zielsetzungen läuft ein Unternehmen Gefahr, das Tagesgeschäft und die Reaktion auf kurzfristige Gelegenheiten in den Vordergrund zu stellen und die strategische Perspektive ausser Acht zu lassen.

Formulierung konkreter Ziele

Konkret formulierte Unternehmensziele ermöglichen die Planung des Unternehmensgeschehens und dienen als wichtige Steuerungsinstrumente für sämtliche Entscheidungen im Rahmen der Strategieumsetzung. Zugleich bilden sie den Massstab, an dem das Unternehmen in der Phase der Erfolgskontrolle seine Leistungen messen und im Fall von Abweichungen zwischen den Soll- und den Ist-Werten erforderliche Verbesserungsmassnahmen einleiten kann. Die Kunst einer ausgewogenen Zielformulierung als Grundlage für eine kontinuierliche Verbesserung und Unternehmensentwicklung besteht vor allem darin, kurz- und langfristiges Denken und Handeln in Einklang zu bringen. Kurzfristig kosten beispielsweise Massnahmen der Personalentwicklung mit dem Ziel der Verbesserung der Arbeitsleistung Geld, langfristig hingegen kann eine kontinuierliche Personalentwicklung geeignet sein, den Unternehmensgewinn dank kompetenten Mitarbeitenden zu erhöhen. Gerade in der Auseinandersetzung mit solchen Zielkonflikten zwischen kurz- und langfristigem Denken und Handeln liegt im Rahmen der Zielfindung und -formulierung ein unverzichtbarer Wert. Die gemeinsame und verbindliche Festlegung grundlegender Unternehmensziele zwingt das Management dazu, sich vertieft mit den eigenen Werthaltungen gegenüber den einzelnen Stakeholdern und deren Interessen auseinanderzusetzen. Gleichzeitig zwingt die Formulierung aussagekräftiger Unternehmensziele die Geschäftsleitung dazu, sich mit den unternehmerischen Stärken und Schwächen sowie den Chancen und Gefahren der Unternehmensumwelt (z.B. Marktentwicklungen, Kundenerwartungen) zu beschäftigen und die Ziele realistisch darauf abzustimmen. Derart formulierte, realistische Unternehmensziele bilden die Basis, um eine Grundstrategie zu entwickeln, die den Weg aufzeigt, wie die langfristig angestrebten Ziele (der Soll-Zustand) erreicht werden sollen.

Ziele und Werthaltungen

3.2.1.3 Grundstrategie

Während die Vision und die langfristigen Unternehmensziele vorgeben, in welche Richtung die Reise eines Unternehmens gehen soll, ist es im Rahmen der Planung auch notwendig, sich die Frage nach dem grundsätzlichen Weg, der in diese Richtung führen soll, zu stellen. Dies geschieht durch die Formulierung einer Grundstrategie. Die Grundstrategie beinhaltet in verbindlicher Form die Absichten, Schwerpunkte und Prioritäten für die langfristige Entwicklung des Unternehmens. Sie präzisiert die Vision und Zielrichtung des Unternehmens und drückt aus, wie die vorhandenen und potenziellen Stärken des Unternehmens zur Nutzung der Marktchancen eingesetzt werden sollen. Die Grundstrategie legt fest, auf welchen Märkten mit welchen Produkten und Dienstleistungen ein Unternehmen aktiv sein will und wie der Konkurrenzkampf gemeistert werden soll. Graphisch lässt sich der Prozess der Entwicklung einer Grundstrategie mit ▶ Abb. 3-4 darstellen.

Der Weg zum Ziel

Wie ▶ Abb. 3-4 zeigt, baut die Formulierung einer Grundstrategie auf einer sorgfältigen Unternehmens- und Umweltanalyse (zusammengefasst in einer sogenannten SWOT-Analyse[1]) sowie auf der Gegenüberstellung verschiedener Varianten auf. Es gilt, durch Abwägen alternativer Möglichkeiten den besten Weg zur Zielerreichung zu finden. Zudem müssen die einzelnen Teile der Grundstrategie – anknüpfend an die unternehmerische Erfolgslogik – in sich schlüssig aufeinander abgestimmt und ge-

Denken in Varianten

1 SWOT: strengths, weaknesses, opportunities, threats (Stärken, Schwächen, Chancen, Gefahren). Siehe dazu detaillierter Abschnitt 5.2.1.

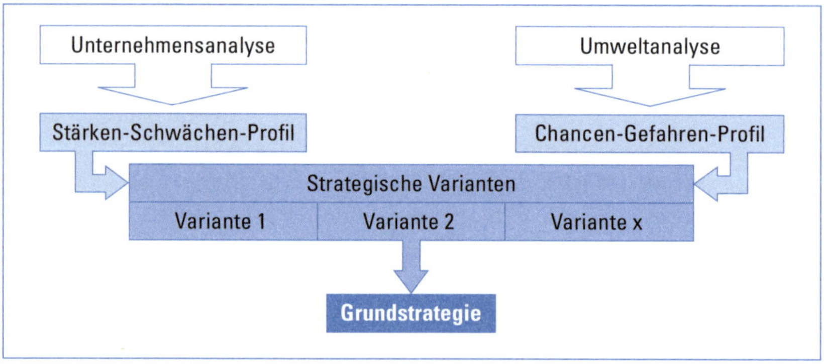

▲ Abb. 3-4 Entwicklung einer Grundstrategie

Aufbau und Pflege strategischer Erfolgspositionen (SEP)

zielt auf den Aufbau und die Pflege strategischer Erfolgspositionen (SEP) ausgerichtet werden. Unter einer strategischen Erfolgsposition wird die Fähigkeit eines Unternehmens verstanden, nachhaltige Wettbewerbsvorteile zu erzielen und dadurch langfristig im Vergleich zur Konkurrenz überdurchschnittliche Renditen zu erwirtschaften. Eine strategische Erfolgsposition liegt beispielsweise vor, wenn ein Unternehmen fähig ist, sich abzeichnende Marktentwicklungen und Konsumtrends rascher und besser als die Konkurrenz zu erkennen und gleichzeitig das Sortiment schneller den sich wandelnden Kundenbedürfnissen anzupassen. Eine strategische Erfolgsposition kann aber auch vorliegen, wenn ein Unternehmen in der Lage ist, durch besondere Herstellverfahren langfristig günstiger als die Konkurrenz zu produzieren. Kurzum: Eine strategische Erfolgsposition aufbauen und pflegen bedeutet, langfristig entweder etwas besser (Qualitätsführerschaftsstrategie) und/oder billiger (Kostenführerschaftsstrategie) zu tun als die Konkurrenz. Dabei ist eine Strategie immer nur dann von langfristigem Nutzen, wenn sie von den Kunden wahrgenommen und von der Konkurrenz nicht ohne Weiteres nachahmbar ist.

3.2.2 Leitbild eines Unternehmens

Die Grundstrategie ist ein streng vertrauliches Dokument eines Unternehmens. Damit dennoch alle Mitarbeitenden und die Öffentlichkeit über die angestrebten Unternehmensziele und die wesentlichsten Firmengrundsätze informiert werden können, erarbeitet die Geschäftsleitung gewöhnlich zur Information der verschiedenen Anspruchsgruppen ein Leitbild. Ein Leitbild könnte beispielsweise wie folgt formuliert sein (▶ Abb. 3-5).

Das Leitbild einer Bank

Als Dienstleistungsunternehmen sind wir die kompetente, unkomplizierte und zuverlässige Bank, die mit Leidenschaft qualitativ gute Bankdienstleistungen zu attraktiven Konditionen erbringt.

Unser Verhalten

Werte

- Wir sind freundlich und setzen uns für die Anliegen unserer Kundinnen und Kunden ein.
- Wir handeln mutig, kreieren Neues und sind verantwortungs- und risikobewusst.
- Wir begegnen uns respektvoll, fair und mit Menschlichkeit.
- Wir sind leistungsfreudig und schaffen Werte.
- Wir handeln und kommunizieren ehrlich.

Unser Engagement

Kundinnen und Kunden
Wir bieten privaten und kommerziellen Kunden die wichtigsten Bankdienstleistungen in guter Qualität zu attraktiven Konditionen an. Vertrauen, Sicherheit und Diskretion sind Schlüsselfaktoren einer guten Kundenbeziehung.

Kooperationspartner
Wo möglich und für uns vorteilhaft arbeiten wir in Produktion und Vertrieb mit Dritten zusammen. Dabei sind wir ein anspruchsvoller, fairer und verlässlicher Partner.

Mitarbeiterinnen und Mitarbeiter
Als vorbildliche Arbeitgeberin schaffen wir Voraussetzungen für ein motivierendes und leistungsorientiertes Arbeitsklima, das die besten Kräfte anzieht und bindet. Aufgaben, Verantwortung und Entscheidungskompetenz delegieren wir so weit als möglich.

Eigentümerin
Wir leisten einen positiven, nachhaltigen Beitrag zum Image und zum finanziellen Ergebnis des Konzerns. Wir verzichten auf kurzfristige und risikoreiche Ergebnismaximierung.

Gesellschaft
Wir fördern die freie, verantwortliche Entfaltung des Menschen. Wir treten ein für einen marktwirtschaftlich orientierten, fairen Wettbewerb, eine konsumentenfreundliche Politik und einen gesunden Finanzplatz Schweiz.

▲ Abb. 3-5 Beispiel für ein Leitbild einer Bank

Kommunikation der Zielsetzungen und Werthaltungen

Das Leitbild eines Unternehmens ist eine konzentrierte und verallgemeinerte Darstellung der Grundstrategie in leitsatzartiger Form. Es soll den Anspruchsgruppen neben der Kommunikation von Zielsetzungen insbesondere auch aufzeigen, für welche Werte das Unternehmen steht. Diese im Leitbild verankerten und im Alltag gelebten Werthaltungen wirken wie eine Brille, durch welche Führungskräfte und Mitarbeitende Situationen und Ereignisse in einer bestimmten Weise sehen und mehr oder weniger bewusst interpretieren. Diese grundlegenden Überzeugungen sind quasi der subjektive Filter, von dessen Durchlässigkeit es abhängt, welche Handlungsalternativen in einem Unternehmen als richtig oder falsch angesehen werden und welche Anspruchsgruppeninteressen bei unternehmerischen Entscheiden in welchem Ausmass berücksichtigt werden.

3.2.3 Business-Plan

Konkretisierung der Grundstrategie

In der Grundstrategie ist die generelle Marschrichtung in verbindlicher, aber typischerweise noch relativ allgemeiner Form festgelegt. Deshalb muss die Grundstrategie in einem nächsten Arbeitsschritt der strategischen Planung weiter konkretisiert werden, damit der Geschäftsleitung für die längerfristige Führung des Unternehmens genügend präzise und vor allem sorgfältig aufeinander abgestimmte Vorgaben zur Strategieumsetzung vorliegen. Um diese Konkretisierung vorzunehmen, bietet sich die Erstellung eines Business-Plans an.

Ziele, Mittel und Massnahmen

Gerade in der Gründungsphase zwingt die Erstellung eines Business-Plans die Unternehmerin bzw. den Unternehmer dazu, sich intensiv und systematisch mit der eigenen Geschäftsidee auseinanderzusetzen und die eigenen Absichten, die bereits vorhandenen und noch benötigten Mittel sowie die geplanten Massnahmen zur Zielerreichung möglichst konkret zu formulieren. Ein Business-Plan wird zudem auch oft dann erstellt, wenn ein bereits bestehendes Unternehmen vor einem grösseren Entwicklungs- bzw. Wachstumsschritt steht (z.B. Einführung einer neuen Produktlinie, Expansion ins Ausland) und deshalb auf die finanzielle Hilfe von externen Kapitalgebern angewiesen ist.

Führungs- und Kommunikationsinstrument

Der Business-Plan ist vergleichbar mit einer Regieanweisung bzw. einem Bauplan für alle weiteren Schritte bei der Strategieumsetzung. Ausgehend von der Geschäftsidee und der Grundstrategie werden sämtliche mit der Beschaffung und Herstellung, der Entwicklung, dem Vertrieb, dem Management und der Finanzierung verbundenen Massnahmen, Mittel und Wege zur Zielerreichung festgelegt. Ein durchdachter Business-Plan dient damit einerseits der Geschäftsleitung zur Strukturierung und Darstellung der eigenen Gedanken und Konzepte sowie als Führungsinstrument zur Strategieumsetzung und Kontrolle der Unternehmensziele. Andererseits dient ein Business-Plan auch als unentbehrliches Kommunikationsinstrument auf der Suche nach möglichen Geschäftspartnern und Kapitalgebern (Bank, privater Investor, Venture Capitalist etc.). Den potenziellen Kapitalgebern gibt der Business-Plan ein differenziertes Bild von der zukünftigen Situation eines Unternehmens und beantwortet diesen die wesentlichen Fragen.

Business-Plan	
Geschäftskonzept	**Finanzplan**
Der konzeptionelle Teil beinhaltet im Kern eine detaillierte und auch für Dritte leicht verständliche **Umschreibung des Geschäftskonzepts.** Der Konzeptteil eines Business-Plans umfasst in der Regel folgende Themengebiete: ▪ Geschäftsidee, Leistungsangebot und Kundennutzen ▪ Markt- und Wettbewerbssituation ▪ Personen und Führungsteam ▪ Organisation und Vertrieb ▪ Produktion und Infrastruktur ▪ Umsetzungsplanung ▪ Chancen und Risiken der Umsetzung	Der Finanzteil widmet sich der **Finanzplanung und Finanzierung.** Er zeigt auf, wie viel Kapital zur Strategieumsetzung benötigt wird und aus welchen Finanzierungsquellen dieses Kapital beschafft werden soll. Zu diesem Zweck ist im Rahmen der Finanzplanung zumindest ▪ eine **Plan-Erfolgsrechnung (Budget),** ▪ eine **Plan-Bilanz** und ▪ ein **Liquiditätsplan** zu erstellen. Darüber hinaus können diese Planungsrechnungen durch weitere spezifische Rechnungen wie zum Beispiel Investitionsrechnungen ergänzt werden.

▲ Abb. 3-6 Bestandteile eines Business-Plans

Die Erstellung eines Business-Plans ist mit viel Detailarbeit verbunden. Dazu bieten insbesondere Banken und Unternehmensberatungen wertvolle Vorlagen inklusive Musterbeispiele an (oft frei zugänglich übers Internet). Solche Vorlagen sind hilfreich, wenn man einen in sich stimmigen Business-Plan verfassen will, denn sie stellen gezielt die zentralen Fragen und zeigen, welche Themengebiete zu bearbeiten sind. All diesen Vorlagen gemeinsam ist, dass ein Business-Plan typischerweise zwei Bestandteile umfasst: einen Konzeptteil (Geschäftskonzept) und einen Finanzteil (Finanzplan) (◄ Abb. 3-6).

Bestandteile eines Business-Plans

3.2.3.1 Geschäftskonzept

Der Schlüssel zum Unternehmenserfolg sind zufriedene Kunden, nicht allein grossartige Produkte und Leistungen. Aus einem guten Business-Plan wird deshalb im konzeptionellen Teil erkennbar, was das Besondere an der Geschäftsidee ist, sprich durch welches Alleinstellungsmerkmal (Unique Selling Proposition, USP) sich das Leistungsangebot im Vergleich zu den Konkurrenzangeboten auszeichnet. Es gilt, den besonderen Kundennutzen darzustellen, der durch das einzigartige Leistungsangebot gestiftet werden soll; denn letztlich muss der «Köder dem Fisch und nicht dem Fischer schmecken». Das Management muss deshalb genau wissen, welches die Bedürfnisse der Kunden sind und womit und wie es durch eine unverkennbare Positionierung des eigenen Produkt- und Dienstleistungsangebots auf dem Absatzmarkt Geld verdienen will.

Unique Selling Proposition (USP)

Positionierung

Eine Geschäftsidee hat nur dann einen wirtschaftlichen Wert, wenn sie sich in einem ausreichend attraktiven Markt durchsetzt. Zentrales Prinzip bei der Erarbeitung eines aussagekräftigen Geschäftskonzepts ist deshalb, dass dieses aufzeigt, wie gross das Marktpotenzial für das geplante Leistungsangebot insgesamt ist und für welche Zielgruppe(n) dieses bestimmt ist. Besteht basierend auf einer sorgfältigen Markt- und Branchenanalyse Klarheit darüber, welche Produkte bzw. Dienstleistungen auf welchen Märkten welchen Zielgruppen angeboten werden sollen, gilt es für die Verbreitung des Produkt- bzw. Dienstleistungsangebotes ausführliche Überlegungen zu einem Marketingkonzept zur Ausschöpfung des Marktpotenzials und zum klassischen Marketing-Mix (4 P des Marketings: Product, Price, Place, Promotion) anzustellen. Konkret gilt es, das Sortiment, die Produktqualität und den Verkaufspreis festzulegen, die Vertriebskanäle zu bestimmen und die Werbemassnahmen zur Kundengewinnung und -bindung zu planen.

Marktorientierung

Zur Entwicklung eines Geschäftskonzepts gehören neben der systematischen Darstellung aller Marketing-Massnahmen auch sämtliche Überlegungen im Zusammenhang mit der eigentlichen Leistungserstellung, beginnend mit der Beschaffung, der Entwicklung, der Fertigung bis hin zum Vertrieb. Aufzuzeigen ist das Zusammenspiel aller Aktivitäten, die zur Bereitstellung und Auslieferung des Endprodukts an den Kunden erforderlich sind. In diesem Zusammenhang ist im Rahmen der Umsetzungsplanung unter anderem auch darüber Klarheit zu gewinnen, was zur Realisierung der Geschäftsidee entlang der volkswirtschaftlichen Wertschöpfungskette selbst produziert und was von Lieferanten eingekauft werden soll. Solche Make-or-buy-Entscheidungen (z.B. der Entscheid, ob ein Wirt sein Bier selbst braut oder dieses bei einer Brauerei bezieht und sich nur auf den Getränkeverkauf konzentrieren soll) haben wesentlichen Einfluss auf den Umfang der zu tätigenden Sachinvestitionen und auf den Personalbedarf. Je mehr durch eigene Produktionsprozesse selbst hergestellt wird, umso höher ist der zu berücksichtigende Investitions- und Personalbedarf in der Finanzplanung.

Prozessorientierung

3.2.3.2 Finanzplan

Ein Hauptziel des Business-Plans ist die Beschaffung von Finanzmitteln und damit die Sicherung der Unternehmensfinanzierung. Eine zentrale Bedeutung nimmt deshalb bei der Erstellung eines Business-Plans die Finanzplanung ein. Mit der Finanzplanung wird die Geschäftsleitung gezwungen, die angestrebten strategischen Unternehmensziele und Massnahmen aus dem Geschäftskonzept so weit zu konkretisieren und zu präzisieren, dass sie mit Hilfe verschiedener Planungsrechnungen in Form von Vorschaurechnungen in Finanzzahlen überführt werden können. Die so gewonnenen Informationen dienen als Grundlage für die unterschiedlichsten Entscheidungen in allen Phasen der Unternehmensentwicklung,

Verschiedene Planungsrechnungen

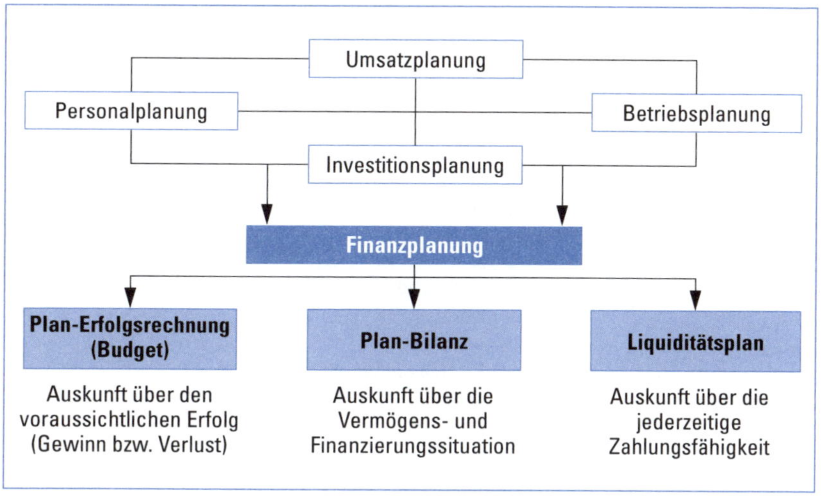

▲ Abb. 3-7 Finanzplanung und Teilpläne

d.h. in der Gründungs-, Aufbau-, Wachstums- und allfälligen Liquidationsphase. ◀ Abb. 3-7 gibt einen Überblick, welche Teilpläne bei der Finanzplanung eine wichtige Rolle spielen.

Die Finanzplanung zeigt auf, ob eine Geschäftsidee bzw. ein Geschäftskonzept finanzierbar und mittel- bis langfristig rentabel ist. Sie gibt somit Auskunft über die Ertragslage und zeigt, wie viel Gewinn das Unternehmen voraussichtlich über die Zeit erzielt (Plan-Erfolgsrechnung bzw. Budget). Zudem zeigt die Finanzplanung, wie die Vermögens- und Finanzlage eines Unternehmens zu einem bestimmten Zeitpunkt aussieht (Plan-Bilanz) und ob die jederzeitige Zahlungsfähigkeit gewährleistet ist (Liquiditätsplan). Die Erstellung von Plan-Erfolgsrechnung, Plan-Bilanz und Liquiditätsplan ist eine anspruchsvolle und zeitaufwendige Aufgabe. Sie erfolgt anhand verschiedener vorgelagerter Hilfsrechnungen wie Umsatzplanung (auf Basis der Preis- und Absatzplanung), Investitionsplanung, Personal- und Betriebsplanung.

Plan-Erfolgsrechnung (Budget)

Die Investoren, sprich die Kapitalgeber, erwarten aus ihrer Kapitaleinlage bei einem neu gegründeten Unternehmen eine attraktive Rendite. Mit der Plan-Erfolgsrechnung (oft auch als Budget bezeichnet) als Kernstück der Finanzplanung schätzt die Geschäftsleitung auf Grundlage verschiedener Annahmen den zukünftigen Erfolg (Gewinn bzw. Verlust) innerhalb eines definierten Zeitraums (z.B. ein Jahr). Die Plan-Erfolgsrechnung besteht im Wesentlichen aus zwei Teilen: erstens der Schätzung der für den Betrachtungszeitraum erwarteten Erträge mit Hilfe der Umsatzplanung und zweitens der Berechnung der mutmasslichen Aufwendungen für die Realisierung des prognostizierten Umsatzes (Einkaufs-,

Erträge		
	Bruttoverkaufserlös	1 000 000
–	Erlösminderungen	80 000
=	**Nettoerlös**	**920 000**
–	Materialaufwand	420 000
–	zugekaufte Fertigprodukte	0
=	**Bruttogewinn**	**500 000**
Aufwendungen		
–	Personalaufwand	240 000
–	Mietaufwand	80 000
–	Werbeaufwand	60 000
–	übriger Betriebsaufwand	20 000
=	**Betriebsgewinn**	**100 000**
+	neutraler Ertrag	0
–	neutraler Ertrag	0
=	**Unternehmensgewinn (vor Steuern)**	**100 000**
–	Steuern	40 000
=	**Unternehmensgewinn (nach Steuern)**	**60 000**

▲ Abb. 3-8 Beispiel einer Plan-Erfolgsrechnung

Produktionsaufwand, Löhne, Verwaltungsaufwand, Abschreibungen aus Investitionstätigkeiten etc.). In der Plan-Erfolgsrechnung als zeitraumbezogene Darstellung (Erfassung der Flussgrössen, vergleichbar mit einer Filmaufnahme) werden die erwarteten Erträge den mutmasslichen Aufwendungen eines Jahres gegenübergestellt. Daraus wird ersichtlich, ob im betrachteten Zeitraum ein Gewinn oder ein Verlust zu erwarten ist. Ein einfaches Beispiel einer Plan-Erfolgsrechnung ist in ◄ Abb. 3-8 dargestellt.

Plan-Bilanz

Im Gegensatz zur Plan-Erfolgsrechnung ist die Plan-Bilanz eine zeitpunktbezogene Darstellung (Erfassung der Bestandesgrössen, vergleich-

Aktiven	Plan-Bilanz per ...		Passiven
Umlaufvermögen		**Fremdkapital**	
Kasse	30 000	Lieferantenkredite	70 000
Bankguthaben	60 000	Bankkredite	65 000
Debitoren	80 000		
Anlagevermögen		**Eigenkapital**	
Produktionseinrichtungen	105 000	Stammkapital	150 000
Büroeinrichtung	45 000	Erwarteter Gewinn (nach Steuern)	60 000
Fahrzeuge	25 000		
Total Aktiven	**345 000**	**Total Passiven**	**345 000**

▲ Abb. 3-9 Beispiel einer Plan-Bilanz

bar mit einer Moment- bzw. Fotoaufnahme). Die Plan-Bilanz im Sinne einer Eröffnungsbilanz steht am Ende der Gründungsphase und spiegelt zu diesem Zeitpunkt die substanzielle Struktur des Unternehmens als Ergebnis der Gründungsaktivitäten wider. In der Plan-Bilanz werden zu einem bestimmten Stichtag die Vermögensgegenstände auf der Aktivseite den Schulden bei Fremd- und Eigenkapitalgebern auf der Passivseite gegenübergestellt. Die Plan-Bilanz zeigt damit auf, auf welche Art das Unternehmen finanziert ist (Passivseite) und wie diese finanziellen Mittel investiert sind (Aktivseite). Ein einfaches Beispiel einer Plan-Bilanz ist in ◀ Abb. 3-9 dargestellt.

	1. Quartal	2. Quartal	3. Quartal	4. Quartal
Anfangsbestand flüssige Mittel	___	___	___	___
Cashflow aus Geschäftstätigkeit (operative Tätigkeit)				
+ Barverkäufe				
+ Debitorenzahlungen				
– Kreditorenzahlungen				
= **Total Mittelzufluss (operativ)**				
– Materialaufwand				
– Personalaufwand				
– Mietaufwand				
– Werbeaufwand				
– übriger Betriebsaufwand				
= **Total Mittelabfluss (operativ)**				
= **Saldo aus Geschäftstätigkeit** (Differenz zwischen Mittelzu- und -abfluss)	___	___	___	___
Cashflow aus Investitionstätigkeit				
– Investitionen in Anlagevermögen				
+ Verkauf von Anlagevermögen				
= **Saldo aus Investitionstätigkeit**	___	___	___	___
Cashflow aus Finanzierungstätigkeit				
+ Aufnahme von Krediten				
– Rückzahlung von Krediten				
+ Kapitalerhöhung				
– Kapitalrückzahlung				
= **Saldo aus Finanzierungstätigkeit**	___	___	___	___
Endbestand flüssige Mittel	___	___	___	___

▲ Abb. 3-10 Muster eines Liquiditätsplans

Liquiditätsplan

Eine weitere wichtige, wenn nicht sogar die wichtigste Teilrechnung im Rahmen der Finanzplanung ist der Liquiditätsplan (Planung der flüssigen Mittel). Mit ihm werden insbesondere zwei Ziele verfolgt: Erstens soll durch die Liquiditätsplanung die jederzeitige Zahlungsfähigkeit sichergestellt werden. Zweitens soll der Liquiditätsplan dazu dienen, einen möglichen zusätzlichen Finanzbedarf für eine bestimmte Periode zu ermitteln. Der Liquiditätsplan berücksichtigt alle Zahlungseingänge und -ausgänge in einem definierten Zeitraum (z.B. pro Monat, pro Quartal). Ausgehend von einem Anfangsbestand an flüssigen Mitteln gemäss Gründungsbilanz sind also in der jeweiligen Betrachtungsperiode zu diesem Anfangsbestand die Einnahmen dazuzuzählen. Dabei ist zu beachten, dass Zahlungen oft erst Monate nach Ausstellung einer Rechnung beim Unternehmen eingehen. Von der Summe des Anfangsbestands und der Einnahmen sind schliesslich die Auszahlungen für Löhne, Mieten, Investitionen und allfällige Kapitalrückzahlungen etc. abzuziehen. Ein Muster, wie ein Liquiditätsplan gegliedert werden kann, ist in ◀ Abb. 3-10 dargestellt.

Aus dem Liquiditätsplan geht der Geldfluss in einem Unternehmen hervor. Dabei werden, wie aus ▶ Abb. 3-11 ersichtlich ist, bei einem

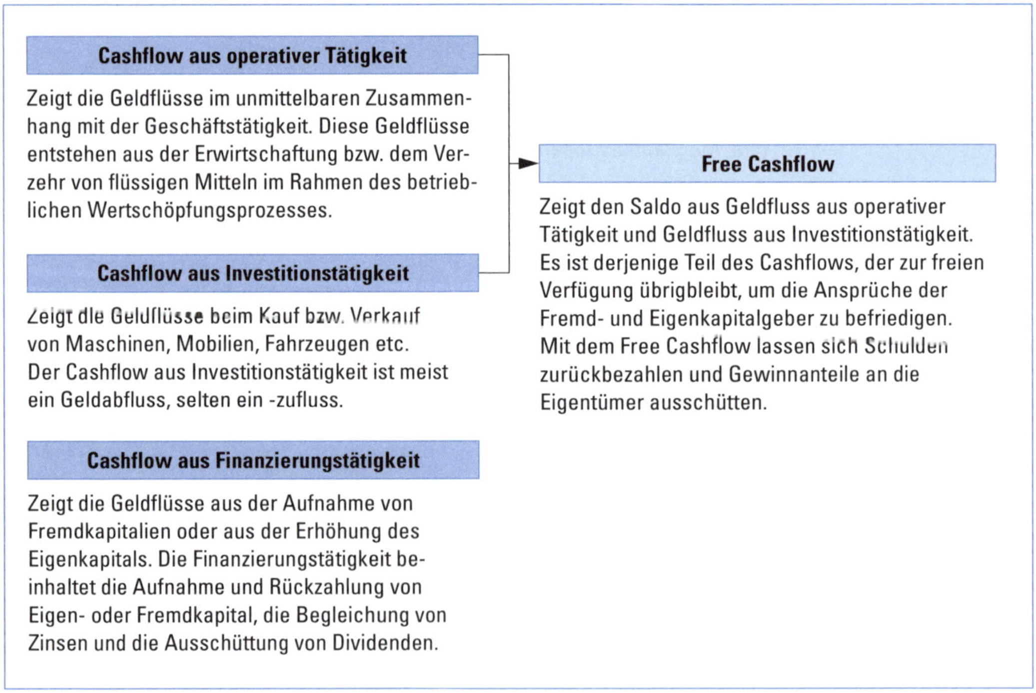

▲ Abb. 3-11 Cashflow-Kategorien

Verschiedene Cashflow-Kategorien

Liquiditätsplan typischerweise drei Arten von Geld- bzw. Mittelflüssen unterschieden: der Cashflow aus Geschäftstätigkeit, der Cashflow aus Investitionstätigkeit und der Cashflow aus Finanzierungstätigkeit. Welche Geld- bzw. Mittelflüsse diese drei Kategorien bzw. Stufen des Liquiditätsplans zusammenfassen, zeigt ◀Abb. 3-11.

Liquiditätsmanagement

Aufgabe des Liquiditätsmanagements (Cash Management) ist es, die Einzahlungs- und Auszahlungsströme jederzeit so aufeinander abzustimmen, dass keine grösseren Zahlungsüberschüsse oder Fehlbeträge innerhalb einer Periode entstehen. Allfällige Zahlungsüberschüsse gilt es optimal anzulegen (z.B. als kurzfristige Festgeldanlage). Allfällige Fehlbeträge sind durch frühzeitige Kontaktaufnahme mit der Bank und durch die Aufnahme kurzfristiger Kredite zu überbrücken. Ist dies nicht möglich, liegt eine Finanzierungslücke vor, und die gesamte Finanzplanung ist so zu überarbeiten, dass diese geschlossen werden kann. Andernfalls droht aufgrund von Illiquidität der Konkurs.

3.3 Umsetzung (Do)

Strategieumsetzung

Nach Abschluss der gedanklichen und konzeptionellen Arbeiten im Rahmen der strategischen Planung beginnt mit der Umsetzung des Business-Plans eine neue Phase im Managementprozess (vgl. dazu nochmals ◀Abb. 3-2 auf Seite 57). Der erhoffte Geschäftserfolg muss jetzt im Wettbewerb mit Konkurrenzanbietern über effektive und effiziente Wertschöpfungsprozesse erarbeitet werden. In der Phase der Umsetzung wird sich erweisen, ob die Geschäftsidee tatsächlich gut und richtig ist und damit letztlich auch den gemäss Finanzplanung erwarteten Gewinn abwirft.

Wertschöpfungsprozesse

Die Strategieumsetzung findet in einem Unternehmen anhand einer Vielzahl von Prozessen statt. Drei Kategorien von Wertschöpfungsprozessen, die in der betrieblichen Praxis stark ineinander verzahnt sind,

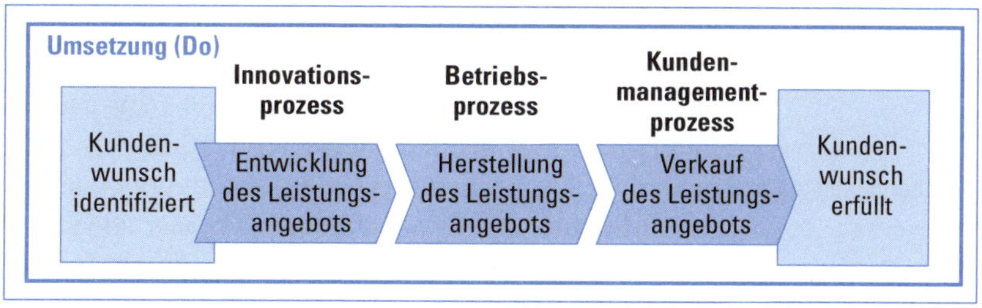

▲ Abb. 3-12 Strategieumsetzung und betriebliche Wertschöpfungsprozesse

Innovations-, Betriebs- und Kundenmanagementprozess

nehmen dabei in der Phase der Umsetzung eine besondere Bedeutung ein: der Kundenmanagementprozess, der Betriebsprozess und der Innovationsprozess (◄ Abb. 3-12). Sie alle sind unmittelbar auf die Erzeugung von Wertschöpfung durch Kundennutzen und Leistungseffizienz ausgerichtet. Sie sollen es einem Unternehmen ermöglichen, sowohl heute als auch in Zukunft Produkte bzw. Dienstleistungen zu einem attraktiven Preis-Leistungs-Verhältnis anzubieten.

Klare Zuständigkeiten und Verantwortlichkeiten

Ohne das Beherrschen des Kundenmanagement-, Betriebs- und Innovationsprozesses ist es für ein Unternehmen schwierig, Strategien tatsächlich in die Realität umzusetzen. Die Art und Weise, wie dabei diese Wertschöpfungsprozesse im betrieblichen Alltag konkret ausgestaltet sind, unterscheidet sich von Unternehmen zu Unternehmen. Entscheidend ist jedoch in allen Fällen, dass sämtliche Aktivitäten im Rahmen des Kundenmanagement-, des Betriebs- und des Innovationsprozesses gut aufeinander abgestimmt und die Zuständigkeiten und Verantwortlichkeiten unter den Mitarbeitenden klar geregelt sind. Ferner ist mit Abschluss der Planung sicherzustellen, dass die erforderlichen materiellen, finanziellen und personellen Ressourcen zur Strategieumsetzung bereitgestellt sind.

3.3.1 Kundenmanagementprozess

Der Kunde im Mittelpunkt

Der Wertschöpfungsprozess geht vom Kunden aus (Kundenwunsch identifizieren) und endet wiederum beim Kunden (Kundenwunsch erfüllen). Aufgabe des Kundenmanagementprozesses ist es, aufbauend auf dem definierten Marketingkonzept sämtliche Marketingmassnahmen konsequent auf die in der Grundstrategie definierten Marktsegmente und Zielgruppen auszurichten und so die gewünschten Kunden zu gewinnen und langfristig ans Unternehmen zu binden.

Kundengewinnung und Kundenbindung

Der Kundenmanagementprozess erfolgt typischerweise über mehrere Phasen. In einer ersten Phase wirbt ein Unternehmen aktiv um Neukunden und versucht, durch Werbeaktivitäten (Inserate, Prospekte, Promotionen etc.) potenzielle Kunden der angestrebten Zielgruppe auf die eigenen Produkte bzw. Dienstleistungen aufmerksam zu machen. Zeigt ein Kunde Interesse an den Produkten bzw. Dienstleistungen, wird er möglicherweise in einer nächsten Phase die ersten Käufe tätigen. Dies ist dann der Fall, wenn das Angebot einem potenziellen Kunden einen Nutzen stiftet und das Kundenbedürfnis besser abdeckt als Konkurrenzangebote. Zum Stammkunden entwickelt sich ein Kunde erst dann, wenn er von seinen Erstkäufen, der Beratung und vom Service überzeugt ist und sich vom Unternehmen auch über den Kauf hinaus jederzeit kompetent betreut fühlt (indem z. B. auf allfällige Kundenreklamationen positiv reagiert wird). Eine zentrale Rolle nimmt deshalb im Kundenmanagementprozess das kundenorientierte Mitarbeiterverhalten ein. Alle Mitarbeitenden müssen sich bei jedem Kundenkontakt bewusst sein, dass sie die Vertreter des Unternehmens sind und es stark von ihrem Engagement abhängt, ob sich Kundenzufriedenheit einstellt. Die erfolgreiche Umsetzung von Strategien hängt wesentlich vom Verhalten der Mitarbeitenden im Kontakt mit den Kunden und in der effizienten Abwicklung des Betriebsprozesses ab.

3.3.2 Betriebsprozess

Unter den Betriebsprozess fallen sämtliche grundlegenden, wertvermehrenden Aktivitäten und Massnahmen, mit denen ein Unternehmen seine Produkte und Dienstleistungen herstellt bzw. erzeugt. Zum Betriebsprozess zählen insbesondere die Teilprozesse der Beschaffung, der Logistik (Transport, Lagerung etc.) und der Produktion. Diese Teilprozesse sind durch funktionierende Informations- und Materialflüsse sorgfältig aufeinander abzustimmen, so dass der Kunde die versprochene Leistung in der vereinbarten Qualität zum gewünschten Zeitpunkt erhält (▶ Abb. 3-13).

Beschaffung, Logistik und Produktion

Angestossen wird der Betriebsprozess, sprich die innerbetriebliche Leistungserstellung, idealerweise durch ein Kundenbedürfnis bzw. einen Kundenauftrag. Eine solcher Auftrag kann beispielsweise bei einem

Innerbetriebliche Leistungserstellung

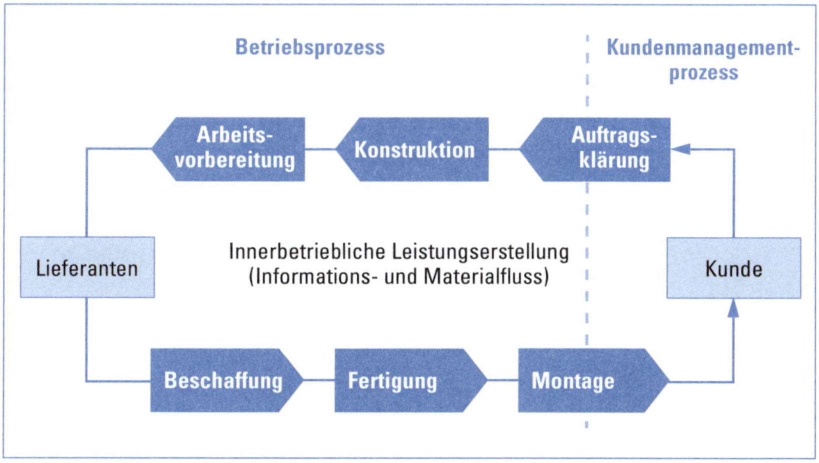

▲ Abb. 3-13 Phasen eines Betriebsprozesses (am Beispiel eines Produktionsbetriebs)

Küchenbauer, der sich auf Sonderanfertigungen spezialisiert hat, die Bestellung einer individuell geplanten Küche sein. Die Kundenwünsche werden im Rahmen der Auftragsklärung erfasst, und anschliessend wird der Auftrag von der Verkaufsabteilung an die Konstruktionsabteilung weitergeleitet. Diese entwirft die Küche am Computer und gibt anschliessend die Zeichnungen und Stücklisten an die Arbeitsvorbereitung weiter. Im Rahmen der Arbeitsvorbereitung werden die Fertigungsunterlagen und -anweisungen erstellt und die zur Leistungserstellung erforderlichen Materialien aus dem Lager bezogen bzw. auf den Beschaffungsmärkten bei den Lieferanten möglichst «just in time» eingekauft. Liegen die Materialien vor und sind die Maschinen bereit, kann die gewünschte Küche in der Werkstatt mit Hilfe der Zeichnungen gefertigt und anschliessend beim Kunden termingerecht montiert werden.

Beispiel

3.3.3 Innovationsprozess

Unternehmerischer Erfolg von morgen ist das Ergebnis der Taten von heute. Über den Betriebsprozess hinaus muss ein Unternehmen deshalb auch seinen Innovationsprozess und damit seine Forschungs- und Entwicklungsaktivitäten beherrschen. Forschung und Entwicklung kann das gesamte Leistungsspektrum unternehmerischen Handelns umfassen und ist in zweierlei Hinsicht zu betreiben: Zum einen ist aufgrund der sich laufend verändernden Bedürfnisse der Kunden nach Produkt- bzw. Dienstleistungsinnovationen zu suchen. Es gilt, das bestehende Leistungsangebot ständig weiter zu verbessern bzw. die Produktepalette durch neue Produktideen zu erweitern. Pharmaunternehmen beispielsweise überprüfen und bewerten in ihren Forschungslabors laufend neue Präparate nach ihrer Eignung, bestimmte Erkrankungen zu heilen. Zum anderen ist durch die systematische Beobachtung technologischer Entwicklungen nach Prozessinnovationen Ausschau zu halten, die es dem Unternehmen ermöglichen, die einzelnen Schritte im Betriebsprozess dank neuer Fertigungs- und Verfahrenstechniken effizienter und damit kostengünstiger zu gestalten.

Forschung und Entwicklung

Produktinnovationen

Prozessinnovationen

3.4 Erfolgskontrolle (Check)

Controllingprozess

Neben dem Planungs- und Umsetzungsprozess ist im Rahmen der Unternehmensführung ein Controllingprozess einzurichten, der den Erfolg der Strategieumsetzung fortlaufend überwacht. Der Controllingprozess soll durch gezieltes Sammeln von Daten das Erreichen der im Planungsprozess formulierten Ziele überprüfen und beurteilen. Dies geschieht typischerweise über eine Soll-Ist-Analyse. Bei dieser werden die angestrebten strategischen Ziele (der Soll-Zustand) mit dem tatsächlich realisierten Erfolg (Ist-Zustand) verglichen. Stimmen die Ergebnisse nicht mit den angestrebten Unternehmenszielen überein, so müssen die Gründe dafür ermittelt werden. Abweichungen können zum Beispiel auftreten, weil die Realisierung der im Business-Plan festgelegten Massnahmen ungenügend war und damit der Umsetzungsprozess verbessert werden muss. Abweichungen können aber auch entstehen, weil im Rahmen der strategischen Planung die Unternehmensziele zu hoch gesteckt waren oder weil beispielsweise die konjunkturelle Entwicklung im Zusammenhang mit der Umsatzplanung zu optimistisch prognostiziert wurde.

Analyse der Vermögens-, Finanz- und Ertragslage

Management-Cockpit

Die systematische Erfolgskontrolle erfordert ein gut ausgebautes Finanz- und Rechnungswesen (▶ Abb. 3-14). Um die zurückliegende Unternehmensentwicklung zu analysieren, können aus der Bilanz und Erfolgsrechnung die Ist-Ergebnisse übernommen und mit der ursprünglichen Finanzplanung verglichen werden. Die regelmässige Analyse der Vermögens-, Finanz- und Ertragslage erfolgt dabei typischerweise mit Hilfe von finanziellen Kennzahlen, die aus der Bilanz und Erfolgsrechnung ermittelt werden. Zusammen mit anderen, nichtfinanziellen Messgrössen, die gemäss unternehmerischer Erfolgslogik für den langfristigen Unternehmenserfolg zentral sind, lassen sich diese in einem Management-Cockpit darstellen. Dieses Management-Cockpit ist vergleichbar mit den verschiedenen Bordinstrumenten im Cockpit eines Flugzeuges und zeigt möglichst übersichtlich, in welchem Umfang die Unternehmensziele erreicht wurden.

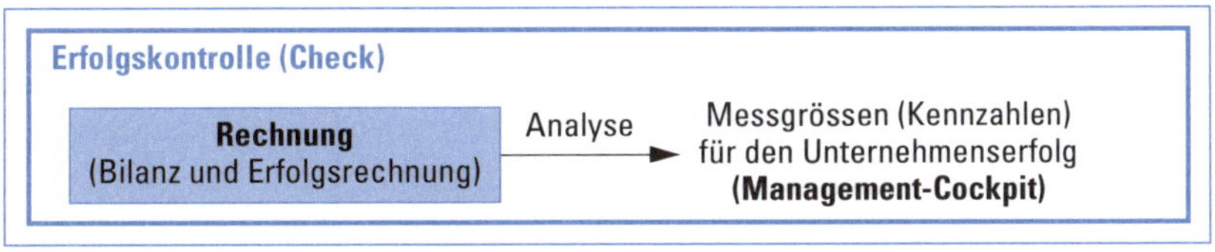

▲ Abb. 3-14 Erfolgskontrolle

Das Beherrschen der Prozesse der finanziellen Führung und damit verbunden ein grundlegendes Verständnis für die Welt von Bilanz und Erfolgsrechnung ist für die langfristig erfolgreiche Unternehmensführung ebenso wichtig wie die Beherrschung der strategischen Planung und der operativen Umsetzung. Im Folgenden wird deshalb auf die Bilanz und Erfolgsrechnung als Instrumente des Finanzreportings sowie das Management-Cockpit als Kennzahlensystem zur Leistungsmessung eingegangen. Führungskräfte müssen dabei nicht zwingend Rechnungswesenexperten sein. Sie müssen aber zumindest wissen, wie Bilanzen und Erfolgsrechnungen zu lesen bzw. zu interpretieren sind. Zudem müssen Führungskräfte wissen, auf welche Kennzahlen es ankommt, wenn sie Entscheidungen mit Zahlen und Fakten absichern wollen.

Bilanz und Erfolgsrechnung als Instrumente des Finanzreportings

3.4.1 Bilanz- und Erfolgsrechnung

Mit Hilfe von Bilanz und Erfolgsrechnung werden die finanzwirtschaftlichen Aspekte eines Unternehmens abgebildet. Bilanz und Erfolgsrechnung dienen der Kontrolle des finanziellen Geschehens in einem Unternehmen. Sie dokumentieren den Erfolg eines abgelaufenen Geschäftsjahres.

3.4.1.1 Bilanz

Die Bilanz ermöglicht es der Geschäftsleitung, sich in einer Stichtagsbetrachtung einen Eindruck von der Vermögens- und Finanzlage eines Unternehmens zu verschaffen. In einer Bilanz steht das Vermögen auf der linken Seite (auch Aktivseite genannt) und die Schulden auf der rechten Seite (auch Passivseite genannt). Die beiden Seiten der Bilanz werden dabei weiter in Umlauf- und Anlagevermögen bzw. Fremd- und Eigenkapital unterteilt.

Gegenüberstellung von Vermögen und Schulden

Wie aus ▶ Abb. 3-15 ersichtlich wird, zeigt die Bilanz die finanzielle Situation eines Unternehmens zu einem bestimmten Stichtag aus zwei Perspektiven: Zum einen wird auf der Passivseite dargestellt, woher das Kapital stammt (Mittelherkunft, Finanzierung). Zum anderen wird auf der Aktivseite aufgezeigt, wie das dem Unternehmen zur Verfügung stehende Kapital augenblicklich investiert wird (Mittelverwendung, Investition). Mittelherkunft und Mittelverwendung entsprechen einander wertmässig, denn es kann nicht mehr investiert werden, als Kapital bei Fremd- und Eigenkapitalgebern beschafft und durch Gewinnerzielung erwirtschaftet wurde. Die Summen der beiden Seiten einer Bilanz sind deshalb immer gleich gross.

Finanzierung und Investition

Aktiven	Bilanz vom … Passiven
Umlaufvermögen Dasjenige Vermögen, das innert einer bestimmten Zeit umläuft und in eine andere Form umgewandelt wird (Kasse, Post, Bank, Debitoren, Warenlager).	**Fremdkapital** Finanzmittel, die einem Unternehmen von Dritten kurz-, mittel- oder langfristig ausgeliehen werden.
Anlagevermögen Dasjenige Vermögen, das dem Unternehmen während längerer Zeit oder dauernd zur Verfügung steht (Liegenschaften, Maschinen, Werkzeuge etc.).	**Eigenkapital** Finanzmittel, die einem Unternehmen von den Eigentümern (Kapitalgebern) dauernd zur Verfügung gestellt werden.
Investition (Mittel- bzw. Kapitalverwendung)	Finanzierung (Mittelherkunft bzw. Kapitalbeschaffung)

▲ Abb. 3-15 Gliederung einer Bilanz

3.4.1.2 Erfolgsrechnung

Die wirtschaftliche Tätigkeit eines Unternehmens führt zu einem Erfolg, sprich zu einem Gewinn oder Verlust innerhalb einer bestimmten Periode. Erfolg im betriebswirtschaftlichen Sinne bedeutet, dass aufgrund der betrieblichen Leistungserstellung entweder eine Wertsteigerung oder eine Wertverminderung von Vermögen entstanden ist. Dieser Erfolg wird in der Erfolgsrechnung ausgewiesen (▶ Abb. 3-16). Die Erfolgsrechnung umfasst im wesentlichen alle Erträge, die durch den Verkauf der Produkte und Dienstleistungen erzielt wurden und zieht von diesen die Aufwendungen für die Leistungserstellung (Materialaufwand, Personalaufwand, Marketingaufwand, Zinsen, Abschreibungen etc.) ab. Sind die Erträge höher als die Aufwendungen, so entsteht ein Gewinn, umgekehrt ein Verlust.

Gegenüberstellung von Aufwand und Ertrag

Wie ▶ Abb. 3-16 zeigt, lässt sich der Gewinn über verschiedene Stufen ausweisen. Ausgehend vom Nettoerlös (Verkaufserlös abzüglich Rabatte und Skonti) wird zunächst durch Abzug des Material- und Warenaufwands der Bruttogewinn bzw. -verlust ermittelt. Zieht man von diesem die übrigen Betriebsaufwendungen (Personalaufwand, Marketingaufwand, Abschreibungen etc.) ab, gelangt man zum Betriebsgewinn bzw. -verlust. Der Betriebsgewinn besagt, wie viel Gewinn aus der eigentlichen betrieblichen Geschäftstätigkeit, sprich aus dem Kerngeschäft, erwirtschaftet wurde. Der Unternehmensgewinn bzw. -verlust zeigt zu guter Letzt den Gesamterfolg nach Berücksichtigung aller nichtbetrieblichen und neutralen, d.h. nicht zum eigentlichen Geschäftszweck zählenden Aufwendungen und Erträge (z.B. Immobilienertrag durch Vermieten von Liegenschaften oder Wertschriftenertrag durch An- und Verkauf von Wertschriften).

Mehrstufige Erfolgsrechnung

Mehrstufige Erfolgsrechnung	
1. Stufe	Nettoerlös – Material- bzw. Warenaufwand
	= **Bruttogewinn**
2. Stufe	+ übrige Betriebserträge – übrige Betriebsaufwendungen (Personalaufwand, Marketingaufwand, Abschreibungen etc.)
	= **Betriebsgewinn**
3. Stufe	+ nichtbetriebliche und neutrale Erträge + nichtbetriebliche und neutrale Aufwendungen
	= **Unternehmensgewinn**

▲ Abb. 3-16 Mehrstufige Erfolgsrechnung

3.4.2 Führungskennzahlen und Management-Cockpit

Das Finanz- und Rechnungswesen schafft eine verlässliche Datenbasis und ermöglicht es, den finanziellen Erfolg transparent darzustellen. Erst die Berechnung von Kennzahlen erlaubt es jedoch, die finanzielle Situation eines Unternehmens zu interpretieren und mittels eines Bündels

	Kennzahl	Berechnung
Liquidität	Liquiditätsgrad 1 (Cash Ratio)	liquide Mittel / kurzfristiges Fremdkapital
	Liquiditätsgrad 2 (Quick Ratio)	(liquide Mittel + Forderungen) / kurzfristiges Fremdkapital
	Liquiditätsgrad 3 (Current Ratio)	Umlaufvermögen / kurzfristiges Fremdkapital
Rentabilität	Gesamtkapitalrentabilität	(Unternehmensgewinn + Fremdkapitalzinsen) / Gesamtkapital
	Eigenkapitalrentabilität	Unternehmensgewinn / Eigenkapital
	Umsatzrentabilität	Betriebsgewinn / Umsatz
Sicherheit	Anlagedeckungsgrad (2)	(Eigenkapital + langfristiges Fremdkapital) / Anlagevermögen
	Eigenfinanzierungsgrad	Eigenkapital / Gesamtkapital

▲ Abb. 3-17 Einige wichtige finanzielle Kennzahlen

quantitativer und qualitativer Messgrössen den Erfolg der Strategieumsetzung zu überprüfen.

Finanzielle Kennzahlen

Finanzielle Kennzahlen zur Einschätzung der wirtschaftlichen Situation lassen sich aus der Bilanz und Erfolgsrechnung ermitteln. Die Kennzahlen sind im Controllingprozess unabdingbar und sollten so ausgewählt sein, dass sie rasch verfügbar sind und ein verlässliches Bild über den finanziellen Erfolg der Geschäftstätigkeit vermitteln. Dabei genügen in der Regel zur Beurteilung der aktuellen Vermögens-, Ertrags- und Finanzlage bereits einige wenige aussagekräftige Kennzahlen zur Liquidität, Rentabilität und Sicherheit (◀ Abb. 3-17).

Nichtfinanzielle Kennzahlen

Zur langfristig erfolgreichen Unternehmensführung reicht die Ermittlung rein finanzieller Kennzahlen nicht aus. Finanzkennzahlen decken nur einen Aspekt unternehmerischen Denkens und Handelns ab und sind typischerweise vergangenheitsorientiert. Die Beurteilung des langfristigen Erfolgs einer Strategie und damit der Zukunftsaussichten eines Unternehmens bedarf einer breiteren Betrachtungsweise. Der langfristige Erfolg eines Unternehmens gründet auf Schlüsselfaktoren, die den finanziellen Ziel- bzw. Messgrössen vorausgehen (vgl. dazu nochmals ◀ Abb. 2-8 auf Seite 53). Deshalb sind in Ergänzung zu den finanziellen Kennzahlen noch weitere quantifizierbare Messgrössen aus der Kunden-, Prozess- und Mitarbeiterperspektive wie beispielsweise Daten zur Kunden- und Mitarbeiterzufriedenheit, zur Innovationskraft sowie zur Produkt- und Prozessqualität beizuziehen.

Management-Cockpit	
Finanzen Kennzahlen des Finanz- und Rechnungswesens wie Umsatzzahlen, Liquidität, Rentabilität etc., die den Erfolg des Unternehmens aus finanzieller Sicht widerspiegeln. (◀ Abb. 3-17)	**Kunden** Kennzahlen über Marktanteile, Kundenzufriedenheit, Kundenbindung etc., die aufzeigen, wie sich die markt- und kundenorientierten Anstrengungen des Unternehmens auf Umsatz und Geschäftsergebnis auswirken.
Prozesse Kennzahlen über die Effizienz der Geschäftsprozesse, die aufzeigen, wie gut es dem Unternehmen gelingt, Abläufe zu gestalten, mit denen die Kundenwünsche erfüllt werden (z.B. Durchlaufzeit).	**Mitarbeitende** Kennzahlen, die Auskunft über Führungsqualität, Arbeitszufriedenheit, Ausbildungsstand der Mitarbeitenden und das Entwicklungs- und Innovationspotenzial im Unternehmen etc. geben.

▲ Abb. 3-18 Management-Cockpit

Management-Cockpit

Zur kompakten Darstellung sämtlicher Kennzahlen der Finanz-, Kunden-, Prozess- und Mitarbeiterperspektive bietet sich die Erstellung eines Management-Cockpits an (◀ Abb. 3-18). Ein Management-Cockpit übersetzt die Vision und Strategie in ein übersichtliches und aussagekräftiges System zur Leistungsmessung. Es ermöglicht mit Hilfe graphischer Auswertungen eine Gesamtbetrachtung finanzieller Konsequenzen aus den nichtfinanziellen Schlüsselfaktoren, die für den langfristigen Unternehmenserfolg bestimmend sind.

Die zentralen Kennzahlen, die sich als Management-Cockpit übersichtlich darstellen lassen, sollten von der Geschäftsleitung regelmässig unter die Lupe genommen werden. Sie dienen als Grundlage für das Einleiten kontinuierlicher Verbesserungsmassnahmen bei der Kundenbetreuung, der Mitarbeiterführung, den Prozessabläufen etc.

3.5 Kontinuierliche Verbesserung (Act)

Prozess der kontinuierlichen Verbesserung

Sämtliche Massnahmen zur Strategieumsetzung bedürfen der regelmässigen Überwachung. Es ist notwendig, Soll und Ist ständig miteinander zu vergleichen. Wird festgestellt, dass die Unternehmensziele nicht erreicht werden, müssen Verbesserungsmassnahmen ergriffen werden. Dies kann beispielsweise dadurch erfolgen, dass der Weg zur Zielerreichung geändert wird. Ist dies nicht möglich, müssen die Ziele den veränderten Umständen angepasst werden, womit der Planungs- und Zielbildungsprozess wieder neu in Gang gesetzt wird. Die strategische Planung ist folglich kein einmaliger Akt in einem Unternehmen, sondern eine immer wiederkehrende Aufgabe des Managements.

Die Abfolge von der Unternehmensvision über die Strategieentwicklung bis hin zu deren Umsetzung ist als ein Prozess mit kontinuierlicher Rückkopplung zu sehen. Ziel des kontinuierlichen Verbesserungsprozesses ist die umfassende Verbesserung der Qualität und Effizienz in einem Unternehmen. Dies bedeutet, die Strategie, Struktur und Organisation eines Unternehmens immer wieder kritisch zu hinterfragen und den neuen Gegebenheiten anzupassen.

Kapitel 4
Struktur und Organisation eines Unternehmens

«Strukturen haben in einem Unternehmen die gleiche Funktion wie das Skelett eines Lebewesens. Ihr Aufbau bestimmt und ist Ausdruck der potenziellen Möglichkeiten des Systems. Der Anblick eines Fischskeletts lässt uns sofort erkennen, dass dieses Wesen weder tanzen noch Rad fahren kann.» Autor unbekannt

Organisationsstruktur

Aufgaben, Kompetenzen und Verantwortlichkeiten

Jedes Unternehmen mit mehr als einem Mitarbeitenden braucht neben dem Startkapital und einer innovativen Idee eine interne Organisationsstruktur. Aufgaben (Was ist zu tun?), Kompetenzen (Wer hat welche Befugnisse?) und Verantwortlichkeiten (Wer treibt was voran?) müssen sinnvoll auf die verschiedenen Mitarbeitenden aufgeteilt werden. Dabei ist ein wichtiger organisatorischer Grundsatz, dass Aufgaben, Kompetenzen und Verantwortlichkeiten aufeinander abgestimmt sein müssen: Wenn beispielsweise die Entscheidungsspielräume für eine sinnvolle Aufgabenerfüllung zu gering sind (mehr Aufgaben als Kompetenzen) oder niemand für getroffene Entscheide geradestehen muss (Kompetenzen ohne Verantwortung), entstehen organisatorische Probleme, die weitreichende Konsequenzen für ein Unternehmen haben können.

Die Organisationsstruktur eines Unternehmens bildet das hierarchische Gerüst und bestimmt, wie die einzelnen Aufgaben auf Personen bzw. Personengruppen verteilt sind und wer innerhalb eines Unternehmens für welche Prozesse und Ergebnisse zuständig und verantwortlich ist.

4.1 Die Zusammensetzung der Geschäftsleitung

Aufbauorganisation

Die aufbauorganisatorische Gestaltung und damit die organisatorische Grundstruktur eines Unternehmens bildet sich zuallererst auf der obersten Stufe der Geschäftsleitung ab. Es liegt in der Verantwortung der Geschäftsleitung, die Vielzahl der Aufgaben und Tätigkeiten in einem Unternehmen so unter den Geschäftsleitungsmitgliedern zu verteilen, dass eine zweckmässige Organisationsstruktur entsteht. Jedes Unternehmen organisiert sich dabei in Abhängigkeit von seiner Rechtsform (siehe Anhang B: Ausgewählte Rechtsformen im Überblick), seiner Grösse und seines Produkt- und Dienstleistungsangebots anders. Es wählt aus einer Vielzahl verschiedener Möglichkeiten der Organisationsgestaltung die zweckmässigste Form aus. Die Wahl der passenden Organisationsstruktur hilft einem Unternehmen, die Geschäftstätigkeit im Hinblick auf die Zielerreichung optimal zu gestalten.

Wahl der passenden Organisationsstruktur

4.1.1 Die Geschäftsleitung in einem Kleinbetrieb

Funktionale Organisationsform

Die in einem Kleinbetrieb am weitesten verbreitete Form der Arbeitsteilung ist die Spezialisierung nach Funktionen. Gemäss dieser funktionalen Organisationsform werden die Aufgaben, Kompetenzen und Verantwortlichkeiten innerhalb der Geschäftsleitung entsprechend den betrieblichen Funktionsbereichen wie zum Beispiel Einkauf und Produktion, Marketing und Verkauf, Finanzen und Personal auf die einzelnen

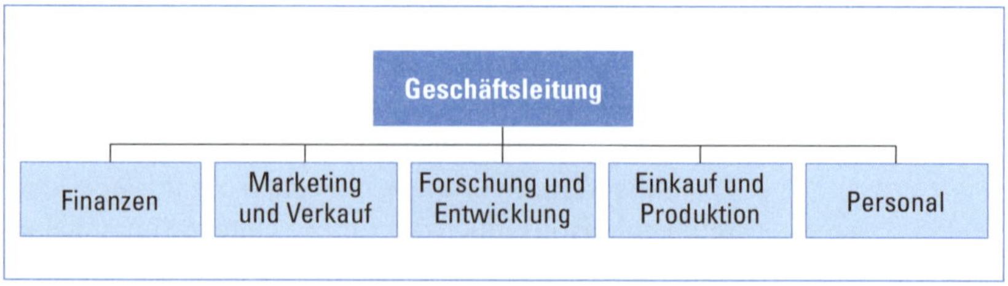

▲ Abb. 4-1 Organigramm eines funktional organisierten Unternehmens

Geschäftsleitungsmitglieder verteilt. Die Aufteilung in Funktionsbereiche richtet sich nach den Aufgaben, die im jeweiligen Unternehmen im Geschäftsablauf zu erfüllen sind. Je nach Grösse der Geschäftsleitung kann es dabei vorkommen, dass einzelne Geschäftsleitungsmitglieder die Verantwortung für mehrere Funktionsbereiche übernehmen (z.B. Zusammenfassung von Finanzen und Personal unter eine Organisationseinheit).

Organigramm

Die hierarchische Organisation eines Unternehmens spiegelt sich im Organigramm wider. Das Organigramm ist ein Instrument zur graphischen Darstellung der Organisationsstruktur eines Unternehmens. Es ermöglicht, einen raschen Überblick über die Aufbauorganisation zu gewinnen. ◀ Abb. 4-1 zeigt ein Beispiel für ein funktional organisiertes Unternehmen.

Im angelsächsischen Raum heisst der Geschäftsführer Chief Executive Officer (abgekürzt CEO). Entsprechend sind auch die übrigen Geschäftsleitungsmitglieder der zweiten Hierarchieebene sogenannte Chief Officers. So heisst beispielsweise der Finanzverantwortliche Chief Financial Officer (CFO). Wie bereits ausgeführt, ist jedes dieser Geschäftsleitungsmitglieder für einen definierten Funktionsbereich zuständig und trägt im Rahmen des betrieblichen Wertschöpfungsprozesses eine spezifische Verantwortung. Entscheidend ist dabei, dass mit der einzelnen funktionalen Verantwortung auch die Geschäftsverantwortung für den jeweiligen Prozess und dessen Ergebnis(se) verbunden ist. Dies bedeutet, dass alle Verantwortlichen für erfolgskritische Aufgaben (Finanzen, Marketing und Verkauf, Personal etc.) Mitglied der Geschäftsleitung eines Unternehmens sein sollten.

4.1.2 Die Geschäftsleitung in einem mittleren und grösseren Unternehmen

Die funktionale Organisationsstruktur findet sich vor allem in kleineren bis mittleren Unternehmen, deren Produkte- und Dienstleistungsangebot standardisiert und überschaubar ist. Mit zunehmendem Fortschritt der Geschäftstätigkeit bzw. mit dem Unternehmenswachstum verändert sich typischerweise die Angebotspalette und die Komplexität der Leistungserstellung nimmt zu. Weil ein Unternehmen mit und durch Veränderungen lebt, muss sich auch die Organisationsstruktur laufend den Veränderungen anpassen. Mittlere und grössere Unternehmen wählen deshalb oft alternative Organisationsformen. Sie organisieren sich beispielsweise nach Sparten (Business Units). In einer Spartenorganisation ist das Gesamtunternehmen in verschiedene Divisionen (Sparten) gegliedert. Jede Division fasst dabei gleiche oder gleichartige Produkte bzw. Pro-

Divisionale Organisationsform

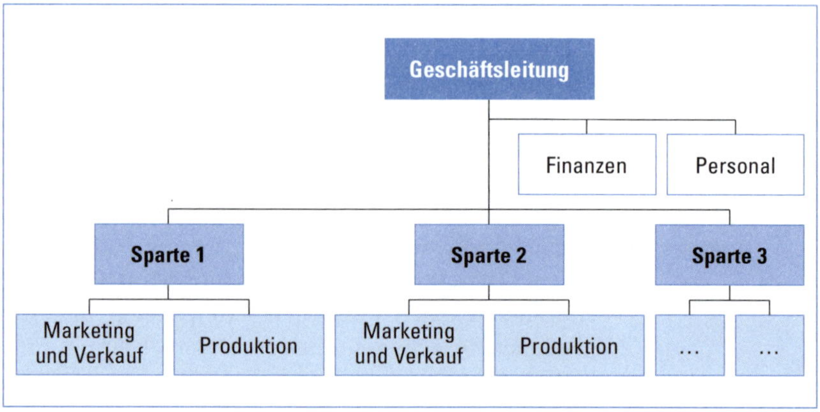

▲ Abb. 4-2 Beispiel für ein Organigramm eines divisional organisierten Unternehmens

duktgruppen zusammen oder ist für bestimmte regionale Märkte (z.B. Europa, Asien, Amerika) oder Kundengruppen (z.B. Handel, Banken und Industrie) zuständig. In solchen Spartenorganisationen werden dann häufig neben den einzelnen Divisionen Zentrale Dienste sowie Stabstellen[1] gebildet. Diese Stäbe und zentralen Dienststellen (z.B. Informatik, Rechnungswesen, Rechtsabteilung) sollen die Linienstellen entlasten und zu Synergieeffekten zwischen den einzelnen Sparten führen. ◀ Abb. 4-2 zeigt ein Beispiel für ein Organigramm eines divisional organisierten Unternehmens.

Stab- und Linienstellen

In ganz grossen Unternehmen können sich letztlich sogar Konzern- bzw. Holdingstrukturen herausbilden. Diese Organisationsformen sind Weiterentwicklungen der Spartenorganisation und entstehen durch den Zusammenschluss mehrerer rechtlich selbständiger Unternehmen unter einer einheitlichen Gesamtleitung.

Konzern- und Holdingstrukturen

4.2 Die typischen Funktionsbereiche im Überblick

Die folgenden Abschnitte 4.2.1 bis 4.2.7 beschreiben überblicksweise die typischen Funktionsbereiche eines Unternehmens. Die Kapitel 5 bis 9 gehen darauf aufbauend vertiefter auf die verschiedenen Verantwortungsbereiche ein.

1 Stabstellen sind Hilfsstellen, welche die Geschäftsleitung unterstützen und entlasten sollen. Stabstellen haben in der Regel keine Weisungsbefugnisse. Stabsmitarbeitende beraten lediglich, die Verantwortung für die Folgen von Entscheiden verbleibt beim Vorgesetzten in der Linie.

4.2.1 Strategie und Planung

Strategieentwicklungs- und -umsetzungsprozess

Ein zentraler Verantwortungsbereich der Geschäftsleitung liegt in der strategischen Planung und Entwicklung. Unter der Leitung des Geschäftsführers ist die oberste Führungsebene für den Strategieentwicklungsprozess als Ganzes verantwortlich. Während Strategie und Business-Pläne massgeblich durch die Geschäftsverantwortlichen (Geschäftsleitungsteam zusammen mit Verwaltungsrat bei Aktiengesellschaften bzw. Gesellschaftern wie beispielsweise bei einer Gesellschaft mit beschränkter Haftung) festgelegt werden, sind an deren Umsetzung sämtliche Mitarbeiter beteiligt. Diese können nur dann ihren Beitrag zum Unternehmenserfolg leisten, wenn sie die für sie relevanten Inhalte der Grundstrategie kennen und mittragen. Entsprechend ist es zentral, aus der Grundstrategie die Teilstrategien wie etwa die Finanz-, Marketing-, Beschaffungs-, Fertigungs- und Personalstrategie abzuleiten. Den Verantwortlichen der einzelnen Funktionsbereiche obliegt es anschliessend, Programme zu entwickeln, die eine Umsetzung der Grundstrategie in konkretes Handeln ermöglichen. Die Geschäftsleitung sorgt dabei für die Koordination der Entscheide in den Funktionsbereichen.

Grundstrategie und Teilstrategien

In kleineren Unternehmen nimmt sich typischerweise die Geschäftsleitung unter persönlicher Leitung des Geschäftsführers der strategischen Planungsaktivitäten an. Ab einer gewissen Unternehmensgrösse wird die strategische Planung zunehmend durch Direktionsstäbe unterstützt. Diese Stäbe haben die Aufgabe, relevante Informationen zu beschaffen und zu Handen der Geschäftsleitung bzw. des Verwaltungsrates aufzubereiten sowie die Strategieentwicklung und -umsetzung in ihrem Ablauf zu gestalten und zu koordinieren. Dabei bedienen sie sich verschiedener Instrumente der strategischen Unternehmensführung, wie sie in Kapitel 5 näher erläutert werden.

4.2.2 Finanzen

Finanzmanagement und Controllingprozess

Nur wer die Finanzen jederzeit im Griff hat, kann sein Unternehmen richtig führen und strategisch weiterentwickeln. Der Funktionsbereich Finanzen sichert dem Unternehmen unter der Leitung des Finanzchefs eine zweckmässige Versorgung mit Finanzmitteln und plant sowie überwacht alle Prozesse der finanziellen Führung. In mittleren und grossen Unternehmen ist der Finanzbereich eigenständig geführt, wobei dem Finanzchef in mittleren Unternehmen oft zusätzliche Aufgaben wie Personal und Informatik zugeordnet werden. In kleineren Unternehmen übernimmt oft der Geschäftsführer (allenfalls unter Beizug eines Treuhänders) die Aufgaben und Verantwortung im Bereich Finanzen.

Der Finanzchef ist für das Finanzmanagement (Investitions- und Finanzierungsaktivitäten) verantwortlich, betreut das Rechnungswesen (Finanz- und Betriebsbuchhaltung) und nimmt die Finanzplanung und -kontrolle wahr. Im Rahmen des Finanzmanagements werden von der Finanzabteilung sämtliche Investitionen auf ihre wirtschaftlichen Auswirkungen hin überprüft und Massnahmen zur Optimierung der Vermögens- (Aktiven) und Kapitalstruktur (Passiven) ergriffen. So beschäftigt sich die Finanzabteilung beispielsweise damit, die Zahlungskonditionen bei ausstehenden Rechnungen optimal auszunutzen oder einen teuren Kontokorrentkredit in einen günstigeren Bankkredit umzuwandeln. Diese und weitere Massnahmen sind Aufgabe der finanziellen Unternehmensführung. Sie werden in Kapitel 6 näher erläutert.

4.2.3 Marketing und Verkauf

Kundenmanagementprozess

Der Funktionsbereich Marketing und Verkauf ist für den gesamten Kundenmanagementprozess verantwortlich. Der Marketing- und Verkaufsleiter ist gemeinsam mit den anderen Funktionsbereichen zuständig für die Ausrichtung aller unternehmerischen Aktivitäten auf die Bedürfnisse der Kunden und sorgt für ein reibungsloses Funktionieren des Vertriebs-, Auftragsabwicklungs- und Serviceprozesses. Marketing und Verkauf sind in einem Unternehmen je nach Grösse organisatorisch unterschiedlich verankert. Insbesondere in Klein- und Mittelunternehmen werden die Marketing- und Verkaufsaufgaben (oft zusammen mit den Kommunikationsaufgaben) häufig von einer einzigen Abteilung wahrgenommen. In grösseren Unternehmen sind die Funktionen des Marketing- und des Verkaufsleiters häufig getrennt.

Produktmanagement

Eine wichtige Funktion in grösseren Unternehmen mit mehreren Produktgruppen haben die Produktmanager. Sie kümmern sich als «Betreuer» eines Produktes bzw. einer Produktgruppe um alle Aspekte des Marketing-Mix und setzen als zentrale planende und ausführende Kraft die einzelnen Marketing-Instrumente bei der Umsetzung der Marketingstrategie zielgruppenorientiert ein.

Die Marketing- und Verkaufsabteilung hat bei Fragen zur Produktentwicklung und -innovation direkten Kontakt zur Forschungs- und Entwicklungsabteilung und pflegt über die Einspeisung der Kundenaufträge in den Betriebsprozess enge Beziehungen zur Einkaufs- und Produktionsabteilung. Auf die vielfältigen Aufgaben der kundenorientierten Unternehmensführung geht Kapitel 7 näher ein.

4.2.4 Einkauf und Produktion

Betriebsprozess

Die Einkaufs- und Produktionsabteilung ist zuständig für den Betriebsprozess und damit verantwortlich für das Beschaffungs- und Lagerwesen, die Produktion und Logistik. Der Einkaufs- und Produktionsleiter kümmert sich zusammen mit seinem Team um die kostengünstige und termingerechte Bereitstellung von Materialien, Maschinen und Anlagen in der gewünschten Menge und Qualität. Darüber hinaus plant, überwacht und optimiert er den gesamten Betriebsprozess und sorgt für die fortlaufende Sicherung von Qualität und Lieferbereitschaft.

Beschaffung, Logistik und Produktion

In kleineren Produktionsunternehmen ist der Einkauf in der Regel in die Produktionsabteilung integriert, und die Einkaufs- und Produktionsverantwortung sind in einer Funktion zusammengefasst. Ab einer gewissen Unternehmensgrösse werden jedoch die Einkaufs- und die Produktionsverantwortung auf zwei Funktionen aufgeteilt. Gerade in grossen, divisional organisierten Unternehmen ist die Einkaufsabteilung oft als zentraler Dienst organisiert und übernimmt für das Gesamtunternehmen eine koordinierende Funktion. In diesem Fall handelt der Einkauf für das ganze Unternehmen unter Ausnutzung des Mengenvorteils attraktive Lieferkonditionen aus, schliesst Rahmenverträge ab und schränkt die internen Bestellmöglichkeiten der einzelnen Sparten auf ausgewählte Lieferanten ein.

Die optimale Gestaltung des Betriebsprozesses hat wesentlichen Einfluss auf die Beschaffungs- und Herstellkosten. Nicht zufällig wird oft betont, dass im Einkauf der Gewinn liegt. Es ist deshalb von zentraler Bedeutung, langfristige und partnerschaftliche Lieferantenbeziehungen aufzubauen und zu pflegen und den gesamten Beschaffungsprozess optimal mit dem Produktionsprozess abzustimmen. Auf Fragen zur optimalen Gestaltung des Betriebsprozesses und damit zur prozessorientierten Unternehmensführung geht Kapitel 8 näher ein.

4.2.5 Forschung und Entwicklung

Der Funktionsbereich Forschung und Entwicklung umfasst sämtliche Aktivitäten, die dafür sorgen, dass sich die Produkte und Prozesse eines Unternehmens laufend verbessern. Der Forschungs- und Entwicklungschef ist denn auch hauptverantwortlich für den Innovationsprozess im Unternehmen. Er beobachtet laufend die technologischen Entwicklungen und sorgt in enger Zusammenarbeit mit dem Marketing- und Verkaufsleiter für Produktentwicklungen und -innovationen (Kapitel 7). Zudem sorgt er durch den Einsatz neuer Produktionstechnologien, durch Prozessinnovationen oder durch die Verwendung neuer Materialien für eine fortlaufende Verbesserung der Leistungserstellung (Kapitel 8). Dies bedeutet, dass die Forschungs- und Entwicklungsabteilung auch stets eng mit der Einkaufs- und Produktionsabteilung zusammenarbeitet. Diese intensive Zusammenarbeit stellt sicher, dass der Transfer der Forschungs- und Entwicklungstätigkeiten in den Betriebsprozess reibungslos funktioniert.

Innovationsprozess

Prozess- und Produktinnovationen

4.2.6 Personal

Die unmittelbare Mitarbeiterführung ist Aufgabe der jeweiligen Linienvorgesetzten. In Personalfragen und in der Personaladministration werden sie unterstützt von der Personalabteilung. Der Personalleiter ist für den gesamten Personalmanagementprozess verantwortlich. Dieser reicht von der Personalgewinnung und -auswahl über die Personalhonorierung und -entwicklung bis zur Regelung eines allfälligen Personalaustritts. Die Personalabteilung erbringt damit zentrale Serviceleistungen für die Mitarbeitenden und Führungskräfte der einzelnen Funktionsbereiche bzw. Abteilungen.

Personalmanagementprozess

Die organisatorische Verankerung der Personalabteilung hängt von der Unternehmensgrösse ab. In kleineren Unternehmen liegt die gesamte Personalverantwortung in der Regel noch direkt beim Geschäftsleiter, der für die Personalauswahl, -beurteilung, -entlöhnung und -entwicklung zuständig ist und die Personaladministration über das Sekretariat (Direktionsassistenz) abwickelt. In mittleren Unternehmen ist die Personalabteilung und damit die gesamte Personaladministration oft als Stabsfunktion in die Finanzabteilung integriert. Erst grössere Unternehmen verfügen gewöhnlich über eine eigene Personalabteilung. Diese gestaltet dann zusammen mit den Linienvorgesetzten den gesamten Personal-

Personalauswahl, -beurteilung, -entlöhnung und -entwicklung

managementprozess und sorgt dafür, dass in allen Abteilungen einheitliche Standards und Instrumente bei der Einstellung, Einarbeitung, Beurteilung, Beförderung, Entlöhnung etc. angewendet werden. Mit all diesen Fragen beschäftigt sich Kapitel 9 zur mitarbeiterorientierten Unternehmensführung.

4.2.7 Weitere Funktionsbereiche

Über die bereits ausgeführten Funktionen hinaus gibt es mit zunehmender Unternehmensgrösse noch zahlreiche weitere Funktionen in einem Unternehmen. Zu nennen sind beispielsweise die Kommunikationsabteilung, die Informatikabteilung oder der Rechtsdienst.

4.2.7.1 Unternehmenskommunikation

Unternehmen stehen zunehmend im Mittelpunkt öffentlicher Auseinandersetzungen. Der Unternehmenserfolg ist nicht nur abhängig von den Leistungen im marktwirtschaftlichen Wettbewerb, sondern auch von der öffentlichen Meinung. Als Folge davon müssen sich Unternehmen vermehrt mit Fragen der Öffentlichkeitsarbeit auseinandersetzen. Gerade grössere Unternehmen führen zu diesem Zweck eigene Public-Relations-Abteilungen. Diese gestalten unter der Leitung des Kommunikationsverantwortlichen die Presse- und Öffentlichkeitsarbeit und tragen mit ihren Kommunikationsmassnahmen zu einem guten Image des Unternehmens als Ganzes bei.

4.2.7.2 Informatik

Die Informations- und Kommunikationstechnologien durchdringen heutzutage sämtliche Prozesse in einem Unternehmen. Die Informatikabteilung entwickelt und pflegt unter der Leitung des IT-Verantwortlichen Applikationen, sprich Programme zur Lösung technischer, kommerzieller oder organisatorischer Aufgaben mit Informatikmitteln. Zudem stellt die Informatikabteilung auf der technischen Ebene den Betrieb und den rechtzeitigen Ersatz der Informationssysteme sicher.

4.2.7.3 Rechtsdienst

Der Rechtsdienst sorgt für die systematische Integration von juristischen Aspekten in die Unternehmensführung und bietet dazu professionelle juristische Unterstützung an. Als Stabsbereich berät, informiert und unterstützt der Rechtsdienst sämtliche Funktionsbereiche des Unternehmens in allen Rechtsfragen, beispielsweise in Fragen des Arbeitsrechts, des Urheberrechts, des Persönlichkeitsschutzes, des Gesellschaftsrechts und des allgemeinen Vertragsrechts.

4.3 Unternehmerischer Erfolg als Resultat geführter Teamarbeit

Zusammenspiel von Spezialisten

Balance zwischen Funktions- und Prozessorientierung

Wie die bisherigen Ausführungen gezeigt haben, ist langfristiger unternehmerischer Erfolg selten das Resultat einer Einzelleistung. Meistens bedarf erfolgreiche Unternehmensführung des Zusammenspiels mehrerer Spezialisten mit unterschiedlichen Kompetenzprofilen, damit eine Geschäftsleitung erfolgreich sein kann. Mit der Bildung verschiedener Funktions- bzw. Verantwortungsbereiche werden die organisatorischen Voraussetzungen geschaffen, um in Teamarbeit die Unternehmensziele zu erreichen. Die Kunst des Organisierens besteht nun darin, eine gute Balance zwischen der Funktions- und Prozessorientierung zu finden. Konkret bedeutet dies, die vertikale Gliederung eines Unternehmens nach Funktionen mit der horizontalen Ausrichtung des Unternehmens auf kundenorientierte Prozesse in Einklang zu bringen (▶ Abb. 4-3).

Es ist Aufgabe der Geschäftsleitung, das Zusammenspiel der betrieblichen Funktionsbereiche an den Schnittstellen laufend zu koordinieren und möglichst effektive und effiziente Wertschöpfungsprozesse zu gestalten. Deshalb sollte der Produktionsleiter auch etwas von Marketing verstehen, die Marketing- und Verkaufsleiterin die finanziellen Aspekte überblicken und der Forschungs- und Entwicklungsleiter den Kunden und seine Bedürfnisse verstehen. Alle Mitarbeitenden in einem Unternehmen sollten entsprechend über ein grundlegendes Verständnis unter-

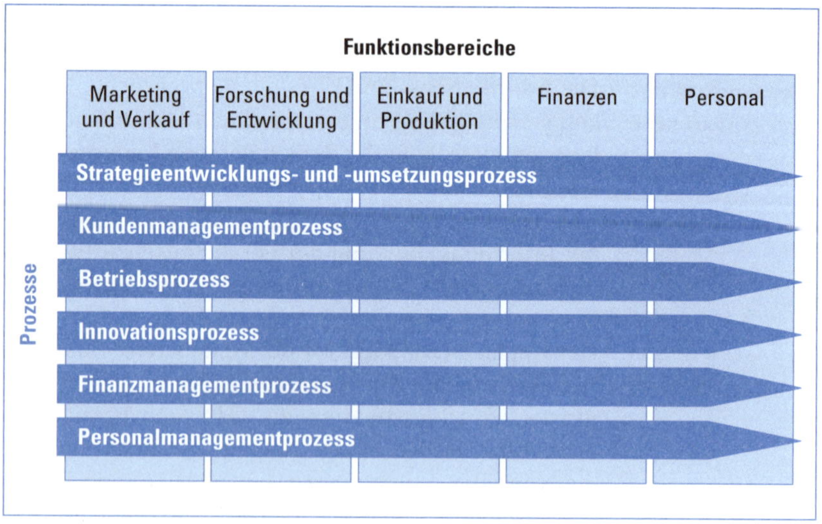

▲ Abb. 4-3 Funktions- und prozessorientierte Organisationsgestaltung

nehmerischer Zusammenhänge verfügen (Kapitel 2). Von Führungskräften muss erwartet werden, dass sie darüber hinaus auch die Sprache der Spezialisten verstehen. Idealerweise sind sie deshalb mit den Kerngedanken und -aufgaben der strategischen, finanziellen, kunden-, prozess- und mitarbeiterorientierten Unternehmensführung vertraut und beherrschen ihr eigenes Verantwortungsgebiet umfassend. Die grundlegenden Überlegungen und Aufgaben der strategischen, finanziellen, kunden-, prozess- und mitarbeiterorientierten Unternehmensführung behandeln die folgenden Kapitel 5 bis 9.

Kapitel 5

Strategische Unternehmensführung

«Strategische Planung ersetzt den Zufall durch Irrtum.
Aus Irrtümern kann man lernen, aus dem Zufall nicht.»

Ulrich Krystek und
Günter Müller-Stewens

Zukünftige Marschrichtung des Unternehmens

Das strategische Management plant und gestaltet – wie bereits die Ausführungen in Kapitel 3 gezeigt haben – die ausgeprägt langfristige Unternehmensentwicklung. Konkret geht es bei der strategischen Unternehmensführung darum, die zukünftige Marschrichtung des Unternehmens festzulegen, welche als Leitplanke die Massnahmen und Ressourcen auf ein gemeinsames Ziel hin lenkt. Strategische Unternehmensführung kann deshalb auch als die Kunst und Wissenschaft bezeichnet werden, alle Kräfte so zu bündeln und einzusetzen, dass ein möglichst profitables und langfristig erfolgreiches Gedeihen des Unternehmens erreicht wird.

5.1 Kerngedanke – Die strategische Grundlogik

Aufbau und Pflege strategischer Erfolgspositionen (SEP)

Zentrale Triebfeder unternehmerischen Denkens und Handelns und damit auch oberste Zielsetzung aus strategischer Sicht ist es, durch den Aufbau und die Pflege strategischer Erfolgspositionen (SEP) Wettbewerbsvorteile zu erlangen und damit über längere Zeit eine hohe Rentabilität zu erzielen. Die Erzielung einer hohen Rentabilität über längere Zeit ist jedoch keine leichte Aufgabe (Abschnitt 5.1.1), sondern bedarf sorgfältiger strategischer Überlegungen und Massnahmen (Abschnitt 5.1.2).

5.1.1 Die Krux mit der dauerhaften Rentabilitätserzielung

Gesetz von Angebot und Nachfrage

Um langfristig Wettbewerbsvorteile zu erreichen und nachhaltig eine hohe Rentabilität zu erwirtschaften, reicht es nicht aus, eine gute Geschäftsidee zu haben und ein Produkt auf den Markt zu bringen, das sich – zumindest vorübergehend, sprich solange das Angebot der Nachfrage nicht nachkommen kann – mit hoher Gewinnmarge gut verkauft. Dies deshalb, weil der Erfolg des Erstanbieters typischerweise verschiedene Nachahmer hervorruft, die ähnliche Produkte (sogenannte Me-too-Produkte) auf den Markt bringen. Der Eintritt dieser Nachahmer in einen Markt und der damit verbundene verschärfte Wettbewerb unter den Anbietern bewirkt in der Regel bei funktionierender Konkurrenz, dass der Preis des Produktes aufgrund des nun grösseren Angebots und bei gleichbleibender Nachfrage sinkt (Erklärung dazu siehe Anhang A: Ausgewählte volkswirtschaftliche Grundlagen). Bei konstanten Kosten für die Leistungserstellung führt dies zwangsläufig dazu, dass mit der Zeit auch die Gewinnmarge und damit die Rentabilität sinken. Dieser Prozess der schrittweisen Preissenkung geschieht bei funktionierender Konkurrenz so lange, bis bei einem gesättigten Markt und damit stagnierender Nachfrage die gesamte Gewinnmarge erodiert ist, sprich bis der Verkaufspreis genau den Kosten der Leistungserstellung entspricht.

Vollkommener Wettbewerb

Das Bild eines intensiven Wettbewerbs auf funktionierenden Märkten mit langfristig geringen Gewinnchancen für die Anbieter erfreut die Wettbewerbshüter (z. B. Preisüberwacher) und Konsumenten. Gleichzeitig steht die Vorstellung im Widerspruch zu den Bestrebungen der Unternehmer. Für Unternehmer ist es wenig erfreulich, auf längere Sicht damit rechnen zu müssen, dass sie bei vollkommenem Wettbewerb wegen des hohen Konkurrenzdrucks und der zu erwartenden Preissenkungen keine

Dauerhafte Rentabilitätserzielung

Aufbau von Eintrittsbarrieren

attraktive Rendite erzielen können. Will nun ein Unternehmen dauerhaft eine hohe Rentabilität erzielen, muss es konsequenterweise Massnahmen ergreifen, die es der Konkurrenz erschweren oder sogar verunmöglichen, das eigene Produkt- bzw. Dienstleistungsangebot nachzuahmen. Der Schlüssel für langfristigen Unternehmenserfolg liegt mit anderen Worten aus strategischer Sicht darin, sogenannte Eintrittsbarrieren in eine Branche bzw. einen Markt aufzubauen. Diese sollen den Konkurrenzdruck reduzieren und damit den Aufbau einer strategischen Erfolgsposition überhaupt erst ermöglichen.

5.1.2 Der strategische Lösungsansatz: Aufbau von Eintrittsbarrieren

Eine tragfähige strategische Erfolgsposition (SEP) lässt sich erreichen, wenn es einem Unternehmen gelingt, durch geschickte strategische Massnahmen wirksame Eintrittsbarrieren aufzubauen. Es ist dies der eigentliche strategische Ansatzpunkt («Hebel») für eine dauerhafte Wertsteigerung und nachhaltige Renditeerzielung.

Zwei strategische Lösungsansätze

Qualitätsführerschaft

Kostenführerschaft

Bei der Suche nach Faktoren bzw. Marktschranken, die nachhaltig den Eintritt neuer Wettbewerber in eine rentable Branche erschweren, lassen sich grundsätzlich zwei strategische Lösungsansätze unterscheiden. Entweder sind Massnahmen zur Differenzierung zu ergreifen, die es der Konkurrenz unmöglich machen, ein gleichwertiges Produkt bzw. eine gleichwertige Dienstleistung anzubieten. Oder es ist nach Ansätzen zu suchen, die es Konkurrenzunternehmen unmöglich machen, im betrieblichen Wertschöpfungsprozess mit ähnlich niedrigen Kosten zu arbeiten, womit Konkurrenten mangels Wettbewerbsfähigkeit gar nicht erst in einen Markt eintreten können. Im Rahmen des strategischen Managements spricht man beim ersten Lösungsansatz von einer Qualitätsführerschaftsstrategie und beim zweiten Lösungsansatz von einer Kostenführerschaftsstrategie. Eine erfolgversprechende Strategie mit dauerhaftem Renditepotenzial liegt mit anderen Worten dann vor, wenn eine bestehende gute Ausgangslage, sprich eine erfolgversprechende Geschäftsidee mit einem attraktiven Produkt bzw. einer attraktiven Dienstleistung und entsprechender Gewinnmarge, konsequent genutzt wird und über kluge strategische Massnahmen rechtzeitig entweder Differenzierungs- oder Kostenvorteile auf- und laufend weiter ausgebaut werden. Differenzierungsvorteile (etwas «besser» bzw. «anders» machen) ermöglichen im Vergleich zur Konkurrenz langfristig höhere Preise, während Kostenvorteile (etwas «billiger» machen) langfristig tiefere Kosten garantieren.

Differenzierungs- bzw. Kostenvorteile dauerhaft realisieren

Dabei ist von entscheidender Bedeutung, dass Differenzierungs- bzw. Kostenvorteile auf dauerhafte Weise realisiert werden, um die Gewinnmargen zu schützen. Wer lediglich ein neues Produkt mit hohem Kundennutzen auf den Markt bringt, dieses aber nicht durch Patente, Standortvorteile, Marken- oder Imagewerte, privilegierten Rohstoffzugang, Grössenvorteile (sogenannte «economies of scale») oder andere dauerhafte Eintrittsbarrieren vor Nachahmung durch die Konkurrenz schützen kann, wird langfristig aufgrund der hohen Wettbewerbsintensität keine hohe Rentabilität erzielen. Gelingt hingegen der Aufbau von Eintrittsbarrieren und damit die langfristige Aufrechterhaltung interessanter Gewinnmargen, sind die strategischen Grundlagen für eine dauerhafte Steigerung des Unternehmenswertes gelegt. Dank einer solchen dauerhaften Wertsteigerung werden genügend Cashflows generiert, um über die Pflege der eigenen Stärken die Differenzierungs- bzw. Kostenvorteile halten bzw. sogar noch weiter ausbauen und damit profitabel wachsen zu können.

5.2 Techniken und Instrumente der strategischen Analyse

Der Aufbau einer strategischen Erfolgsposition über die Erzielung von Differenzierungs- bzw. Kostenvorteilen bedarf zunächst einer genauen Kenntnis der eigenen Stärken und Schwächen sowie des Marktes bzw. der Branche, in welcher ein Unternehmen tätig ist. Um diese Kenntnisse zu erlangen, bieten sich verschiedene Techniken und Instrumente der strategischen Analyse an. Besonders nützlich für die Klärung strategischer Grundsatzfragen sind die SWOT-Analyse (Abschnitt 5.2.1) und die Branchen- bzw. Wettbewerbsanalyse (Abschnitt 5.2.2).

Strategische Analyse

5.2.1 SWOT-Analyse

Die SWOT-Analyse ist eine aufschlussreiche Analysemethode, um die Stärken und Schwächen des eigenen Unternehmens mit denen der wichtigsten Konkurrenten zu vergleichen und die noch ungenutzten Potenziale zum Erzielen von Wettbewerbsvorteilen aufzuzeigen. Bei der SWOT-Analyse wird eine zweidimensionale Matrix erstellt, wobei beide Achsen je einen positiv und einen negativ besetzten Pol aufweisen. Auf der Achse, welche die unternehmensinternen, direkt beeinflussbaren Analysefaktoren abbildet, wird zwischen Stärken (strengths) und Schwächen (weaknesses) unterschieden. Auf der unternehmensexternen Achse der nicht

Matrix

Stärken und Schwächen

Umweltfaktoren / Unternehmensfaktoren	**Opportunities (Chancen)** Auflistung der Gelegenheiten	**Threats (Gefahren)** Auflistung der Bedrohungen
Strengths (Stärken) Auflistung der Stärken	**SO-Strategien** Einsatz von Stärken zur Nutzung von Gelegenheiten	**ST-Strategien** Nutzung der eigenen Stärken zur Abwehr von Bedrohungen
Weaknesses (Schwächen) Auflistung der Schwächen	**WO-Strategien** Überwindung der eigenen Schwächen durch Nutzung von Gelegenheiten	**WT-Strategien** Einschränkung der eigenen Schwächen und Vermeidung von Bedrohungen

▲ Abb. 5-1 SWOT-Matrix

Chancen und Gefahren

selbst beeinflussbaren Umweltfaktoren werden Chancen (opportunities) und Gefahren (threats) differenziert (◄ Abb. 5-1).

Unternehmens- und Umweltanalyse

Die Informationen über die einzelnen Umwelt- und Unternehmensfaktoren, die in der SWOT-Matrix aufgelistet werden, stammen aus den verschiedenen Quellen der Unternehmens- und Umweltanalyse. Dabei ist im Rahmen der Umweltanalyse die laufende Beobachtung und Interpretation der relevanten ökonomischen Wirtschaftsdaten (Konjunkturlage, Teuerung, Lohn- und Zinsentwicklung etc.) sowie der Entwicklungen in der technologischen, sozialen und ökologischen Umweltsphäre von besonderer Bedeutung. Das systematische Beobachten und Zusammentragen der relevanten Umwelt- und Unternehmensfaktoren ist der analytische Teil der SWOT-Analyse.

Strategische Handlungsansätze

Die SWOT-Analyse zielt einerseits auf die Förderung von Stärken und die Linderung von Schwächen des eigenen Unternehmens und andererseits auf die Nutzung von Chancen und die Beachtung von Gefahren der Umweltentwicklungen ab, wobei immer auch das strategische Verhalten der Konkurrenz im Auge zu behalten ist. Der strategischen Unternehmensführung liegt demnach der Gedanke zugrunde, dass eine wirksame Strategie die Stärken und Chancen maximiert und die Schwächen und Gefahren minimiert. Aufbauend auf diesem Grundgedanken lassen sich durch eine logische Kombination der vier Felder in der SWOT-Matrix verschiedene strategische Handlungsansätze ableiten. Die sogenannten SO-Strategien (strengths, opportunities) nutzen die eigenen Stärken zur Realisierung externer Chancen. WO-Strategien (weaknesses, opportunities) versuchen Chancen nutzbar zu machen, um eigenen Schwächen zu begegnen. ST-Strategien (strengths, threats) zielen darauf ab, durch den Einsatz interner Stärken die externen Bedrohungen zu neutralisieren oder zu mildern. WT-Strategien (weaknesses, threats) sind darauf ausgerichtet, durch den Abbau interner Schwächen die Gefahren aus der Umwelt zu reduzieren. Die Entwicklung dieser Strategieoptionen ist der kreative Teil der SWOT-Analyse.

Als Teil der SWOT-Analyse beinhaltet die Umweltanalyse auch eine vertiefte Untersuchung der Branche bzw. des Wettbewerbsverhaltens. Dies deshalb, weil der langfristige Erfolg eines Unternehmens wesentlich von der Attraktivität und Struktur einer Branche und von der gezielten Positionierung innerhalb dieser Branche abhängt.

5.2.2 Branchen- bzw. Wettbewerbsanalyse

Strukturelle Merkmale einer Branche

Die Wettbewerbsintensität und damit die unterschiedlich starke Rivalität zwischen den verschiedenen Unternehmen einer Branche sind keine vom Zufall abhängige Phänomene, sondern werden von den typischen strukturellen Merkmalen einer Branche beeinflusst. Es sind – ökonomisch ausgedrückt – gerade die Unvollkommenheiten des Marktes (sprich jene typischen Merkmale, die den vollkommenen Wettbewerb verhindern), die eine Branche aus Rentabilitätsgesichtspunkten besonders attraktiv

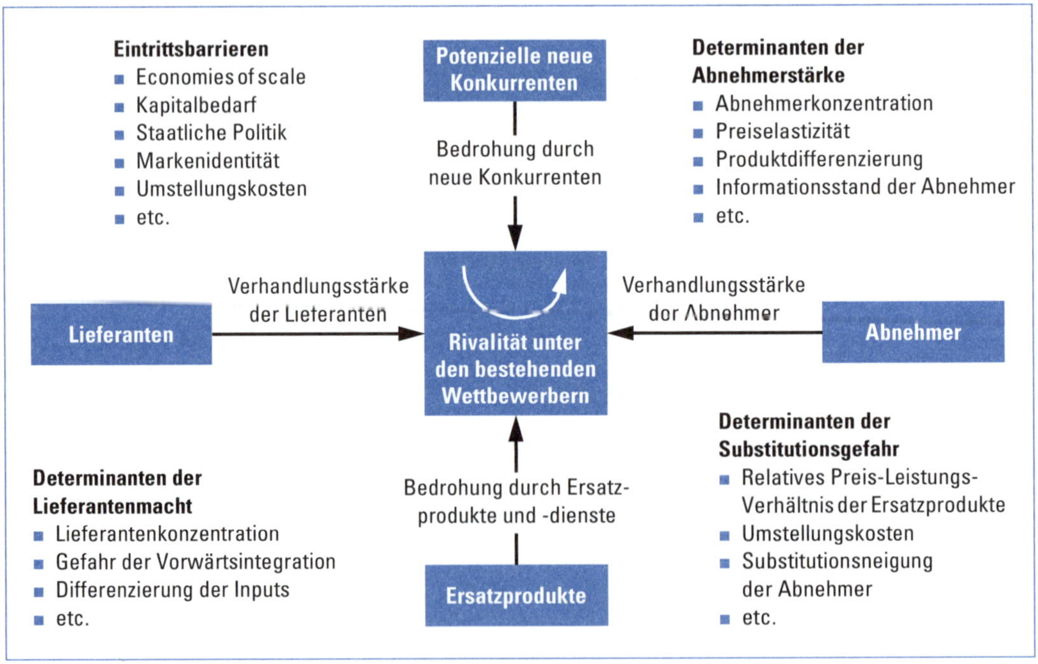

▲ Abb. 5-2 Triebkräfte des Branchenwettbewerbs nach Porter

machen (siehe zum vollkommenen Wettbewerb Anhang A: Ausgewählte volkswirtschaftliche Grundlagen). Aus strategischer Sicht ist es deshalb wichtig, jene Faktoren zu erkennen, die der jeweiligen Konkurrenzsituation innerhalb einer bestimmten Branche zugrunde liegen. Ein vielfach angewandtes Analysemodell ist dabei die Branchen- bzw. Wettbewerbsanalyse. Dieses Analysemodell unterscheidet fünf wesentliche Einflussfaktoren (sogenannte Wettbewerbs- bzw. Triebkräfte), welche die Wettbewerbsintensität und damit das Rentabilitätspotenzial einer Branche bestimmen. Es sind dies, wie in ◀ Abb. 5-2 dargestellt, die Bedrohung durch neue Konkurrenten, die Bedrohung durch Ersatzprodukte, die Verhandlungsstärke der Lieferanten und der Kunden sowie das Ausmass der Rivalität unter den bestehenden Wettbewerbern.

Fünf Wettbewerbskräfte

Die fünf Wettbewerbskräfte können wie folgt umschrieben werden:

Gefahr des Markteintritts durch neue Wettbewerber

1. Gefahr des Markteintritts durch neue Wettbewerber: Neue Marktteilnehmer verschärfen den Wettbewerb, was typischerweise die Preis- und Kostenstruktur einer Branche verändert und die Rentabilität negativ beeinflusst. Die Wahrscheinlichkeit eines Eintritts neuer Wettbewerber in eine Branche hängt im Wesentlichen von den vorherrschenden Eintrittsbarrieren wie zum Beispiel Zölle, Patente oder ein hoher Kapitalbedarf für Anfangsinvestitionen für die Produktion ab.

Verhandlungsstärke der Kunden

2. Verhandlungsstärke der Kunden: Die Kunden können die Branchenrentabilität negativ beeinträchtigen, indem sie die Preise drücken, höhere Qualität oder bessere Leistungen fordern oder Anbieter gegeneinander ausspielen. Die Verhandlungsmacht der Kunden ist hoch, wenn es nur wenige Kunden gibt, diese sehr preisempfindlich sind (d.h. dass die Nachfrage stark auf Preisänderungen reagiert) oder wenn die Produkte relativ einfach substituiert (d.h. durch ein anderes Produkt ersetzt) werden können.

Bedrohung durch Ersatzprodukte und -dienste

3. Bedrohung durch Ersatzprodukte und -dienste: Die Produkte einer Branche konkurrieren mit Ersatzprodukten oder -diensten einer anderen Branche. Die Gefahr einer Substitution ist dabei umso grösser, je mehr die Funktionen der jeweiligen Produkte übereinstimmen und je tiefer der Preis des Ersatzproduktes ist.

Verhandlungsstärke der Lieferanten

4. Verhandlungsstärke der Lieferanten: Die Verhandlungsstärke der Lieferanten zeigt sich in Preiserhöhungen bzw. einer Senkung der Qualität oder Leistung. Die Verhandlungsmacht ist dann hoch, wenn die Rohstoffe oder Bauteile der Lieferanten für die eigene Produktion wichtig sind und keine Substitute zur Verfügung stehen, nur wenige Lieferanten bestehen oder ein Lieferantenwechsel hohe Umstellungskosten verursacht.

Rivalität unter den bestehenden Wettbewerbern

5. Rivalität unter den bestehenden Wettbewerbern: Die Rivalität und damit die Wettbewerbsintensität unter den bestehenden Konkurrenten ist umso grösser, je geringer das Marktwachstum innerhalb einer Branche ist, je mehr Wettbewerber vorhanden sind, je grösser der Fixkostenanteil ausfällt (und damit der Zwang, bestehende Kapazitäten auszulasten und Grössenvorteile anzustreben) und je weniger sich die einzelnen Anbieter und Produkte voneinander unterscheiden.

Entwicklung von Wettbewerbsstrategien

Ziel der Analyse der fünf Wettbewerbskräfte ist es, auf der Grundlage des vertieften Verständnisses der Branchenstruktur massgeschneiderte Wettbewerbsstrategien zu formulieren, die im Vergleich zu vorhandenen oder potenziellen Konkurrenten eine höhere Rentabilität ermöglichen. Besonders interessant sind dabei für ein Unternehmen, wie bereits in Abschnitt 5.1 ausgeführt, Märkte mit schwachem Wettbewerb (sprich geringer Wettbewerbsintensität). Solche Märkte zeichnen sich dadurch aus, dass unter den bestehenden Wettbewerbern wenig Konkurrenz herrscht, keine Substitutionsgefahr durch unmittelbare Ersatzprodukte droht, hohe Hürden für Neueinsteiger bestehen und Lieferanten und Kunden nur über eine geringe Verhandlungsstärke verfügen. In solchen Branchen ist das dauerhafte Rentabilitätspotenzial am grössten. Gleichzeitig ist es eine anspruchsvolle unternehmensstrategische Herausforderung, in solchen Märkten überhaupt Fuss zu fassen und sich durch den Aufbau einer strategischen Erfolgsposition zu etablieren. Dies aus dem einfachen Grund, weil Branchen bzw. Märkte mit hohem Rentabilitätspotenzial eine Vielzahl von Unternehmen anziehen und es nur den besten gelingen wird, sich dank überzeugender strategischer Massnahmen und operativer Exzellenz langfristig zu behaupten.

5.3 Strategische Entscheidungsfelder und Strategieoptionen

Aufbau dauerhafter Wettbewerbsvorteile

Kräfte bündeln

Wie in Abschnitt 5.1 dargelegt wurde, geht es bei einer guten Strategie zunächst einmal darum, Wege zu finden, etwas auf dauerhafte Weise «besser bzw. anders» und/oder «billiger» als die Konkurrenz anzubieten. Was theoretisch einfach klingt, erweist sich in der praktischen Umsetzung als grosse Herausforderung. Erfolgversprechend sind nicht vorübergehende Qualitäts- bzw. Kostenvorteile, sondern der Aufbau dauerhafter Wettbewerbsvorteile. Solche Wettbewerbsvorteile lassen sich im Strategiefindungs- und -entwicklungsprozess nur aufbauen, wenn klare Schwerpunkte gebildet und darauf ausgerichtet die Kräfte gebündelt werden.

Schwerpunktbildung oder Fokussierung bedeutet, sich zu überlegen, auf welche strategische Stossrichtung man sich im Grundsatz konzentrieren und in welche nachhaltig aufzubauende strategische Erfolgsposition man langfristig investieren will. Auch wenn dabei jede Strategie letztlich eine einmalige Konstruktion ist, so bieten sich für diesen strategischen Grundsatzentscheid im Kern lediglich drei Strategieoptionen an: umfassende Kostenführerschaft, Differenzierung (z.B. durch Qualitätsführerschaft) oder Konzentration auf Marktnischen (▶ Abb. 5-3).

Drei Strategieoptionen

Die drei sogenannten generischen[1] Strategieoptionen gemäss ▶ Abb. 5-3 sind alternative Möglichkeiten, um unter gezielter Ausnutzung der Wettbewerbskräfte einer Branche und durch Herausarbeitung eines spezifischen Vorteils eine strategische Erfolgsposition aufzubauen. Dies bedeutet umgekehrt, dass ein Unternehmen, dem es nicht gelingt, seine Strategie zumindest in eine dieser drei grundsätzlichen Stossrichtungen zu entwickeln – das also quasi «zwischen den Stühlen» sitzt –, in einer ungünstigen strategischen Situation ist. Angesichts der Unentschlossenheit in der strategischen Ausrichtung droht einem solchen Unternehmen, dass es von der Konkurrenz überflügelt wird. Letztlich wird es sich im Konkurrenzvergleich weder durch eine besonders günstige Kostenstruktur noch durch eine klare Differenzierung vor Nachahmern schützen können. Es mangelt einem solchen Unternehmen einerseits an Marktanteil, um dank Grössenvorteilen im Kampf um die niedrigsten Kosten gewinnen zu können, und andererseits fehlt ihm die Differenzierung, um einen ruinösen Preiskampf zu vermeiden.

«Zwischen den Stühlen sitzen»

		Strategischer Vorteil	
		Singularität aus Sicht des Kunden	Kostenvorsprung
Strategisches Zielobjekt	Branchenweit	**Differenzierung (Qualitätsführerschaft)**	**Kostenführerschaft**
	Beschränkung auf ein Segment	**Konzentration auf Schwerpunkte (Marktnischen)**	

▲ Abb. 5-3 Drei erfolgversprechende Strategieoptionen nach Porter

1 generisch: etwas, das sich auf die allgemeine Art und nicht auf ein spezifisches Detail von etwas bezieht

5.3.1 Kostenführerschaft

Dauerhafte Kostenvorteile erzielen

Mit der Kostenführerschaftsstrategie möchte ein Unternehmen dauerhaft Kostenvorteile erzielen und auf dem Absatzmarkt mit einer Niedrigpreispolitik Marktanteile gewinnen. Die unternehmerischen Aktivitäten bündeln sich um das Ziel, durch eine Reihe strategischer Massnahmen über niedrigere Kosten als die Konkurrenz zu verfügen. Dies erfolgt in der Absicht, dass das Unternehmen nach einem allfälligen Preiskampf auch dann noch Profit erwirtschaftet, wenn alle anderen Mitbewerber in die Verlustzone geraten sind. Dies bedeutet, dass ein Unternehmen, welches eine Kostenführerschaftsstrategie verfolgt, die Kostentreiber durch intensive Kostenkontrolle besonders gut im Griff haben muss.

Grosse Marktanteile

Skalenerträge

Normalerweise ist eine Kostenführerschaftsstrategie nur möglich, wenn ein Unternehmen über grosse Marktanteile verfügt. Grosse Marktanteile erlauben es einem Unternehmen, Grössenvorteile und damit sogenannte Skalenerträge («economies of scale») zu nutzen. Zudem ist bei der Verwirklichung einer Kostenführerschaftsstrategie alles zu tun, um kostengünstige Produktions- und Distributionsstrukturen zu realisieren (z.B. dank privilegiertem Rohstoffzugang, rationelleren Fertigungsverfahren). Dies bedeutet jedoch nicht, dass die Qualität oder andere Diffe-

Wettbewerbskräfte	Vorteile der Kostenführerschaftsstrategie
Rivalität unter den bestehenden Wettbewerbern	Niedrigere Kosten im Vergleich zur Konkurrenz bedeuten, dass das Unternehmen auch dann noch Gewinne erzielt, wenn die Konkurrenten in die Verlustzone geraten.
Gefahr des Markteintritts durch neue Wettbewerber	Die tiefen Kosten im betrieblichen Wertschöpfungsprozess verleihen einem Unternehmen einen erheblichen Schutz vor neuen Wettbewerbern, da diese aufgrund der niedrigen Marktpreise bereits vor einem allfälligen Markteintritt kaum wettbewerbsfähig sind.
Verhandlungsstärke der Kunden	Ein Käufer kann die Preise nur bis zum Preisniveau des zweiteffizientesten Konkurrenten heruntertreiben. Es verbleibt deshalb dem effizientesten und kostengünstigsten Unternehmen eine Gewinnmarge.
Bedrohung durch Ersatzprodukte und -dienste	Die Bedrohung ist reduziert, solange die Ersatzprodukte bzw. -dienste nicht günstiger sind. Es muss deshalb Zielsetzung der Kostenführerschaftsstrategie sein, die Kosten der eigenen Produkte laufend weiter zu senken.
Verhandlungsstärke der Lieferanten	Die günstige Kostenposition entsteht gewöhnlich durch Grösseneffekte, die zu Marktmacht führen. Eine hohe Marktmacht stärkt die Verhandlungsposition gegenüber Lieferanten. Zudem bietet eine günstige Kostenposition mehr Möglichkeiten, mit einer allfälligen Erhöhung der Beschaffungskosten umzugehen.

▲ Abb. 5-4 Wettbewerbskräfte und Kostenführerschaftsstrategie

renzierungsmerkmale wie Image oder Service völlig ausser Acht gelassen werden können. In der Regel wird bei der Kostenführerschaftsstrategie ein Standardprodukt mit durchschnittlicher Qualität angeboten.

◀ Abb. 5-4 umschreibt die Vorteile der Kostenführerschaftsstrategie bezogen auf die Wettbewerbskräfte einer Branche.

Beispiel

Eine bewusste Strategie der Kostenführerschaft betreibt beispielsweise die Firma Denner, was sich in einer aggressiven, an Vergleichen mit den übrigen Branchenkonkurrenten orientierten Preispolitik niederschlägt. Die einfache Ladengestaltung, der bewusst ausgesparte Kundendienst und die auf eine Vielzahl von Sonderangeboten reduzierte Werbebotschaft signalisieren dem Kunden die Niedrigpreiskompetenz von Denner. Zur Ausnutzung von Skaleneffekten führt Denner ein schmales und flaches Sortiment von zirka 1000 Artikeln des täglichen Gebrauchs und ersetzt in jenen Fällen, in denen Markenartikel keine Möglichkeit für die Realisierung der angestrebten Preispolitik bieten, diese durch Eigenmarken oder durch in der Schweiz wenig bekannte Importmarken.

5.3.2 Differenzierung

Dauerhafte Differenzierungsvorteile erzielen

Aufbau einer Marke

Mit der Differenzierung eines Produktes oder einer Dienstleistung strebt ein Unternehmen an, etwas zu schaffen, das in der Branche aus Sicht der Kunden einmalig ist. Das können besondere Garantieleistungen, Produkteigenschaften, Verpackung, Stil, einzigartiger Kundendienst, Design oder der Aufbau einer Marke sein. Eine am Gesamtmarkt orientierte Differenzierungsstrategie setzt voraus, dass es dem Unternehmen gelingt, sein Angebot dauerhaft als «höherwertig» zu profilieren. Je nach Branche und Unternehmen wird diese Profilierung eher auf echten Leistungsvorteilen (Produktqualität, Kundendienst etc.) oder stärker auf einem gekonnten, intensiven Einsatz der Instrumente der Marketingkommunikation (Werbung, Verkaufsförderung, persönliche Beziehungspflege etc.) zum Aufbau einer Marke beruhen. Meist werden bei Differenzierungsstrategien überdurchschnittliche Preise oder sogar als Qualitäts- und Prestigesignal zu verstehende sogenannte Premium-Preise verlangt. Um Leistungsvorteile auf Dauer zu erhalten, muss ein Unternehmen konsequent in jene Ressourcen und Fähigkeiten investieren, die den Leistungsvorteil begründen. Im Idealfall wird es dadurch möglich, Leistungsvorteile und Marketingkommunikation so einzusetzen, dass ein profiliertes Marken- und Firmenimage entsteht, das die Kunden langfristig an das Unternehmen bindet und die Preisempfindlichkeit der Kunden verringert. Eine so entstehende Kundentreue und der Zwang der Konkurrenten, die «Einzig-

«Einzigartigkeit» des Produkt- bzw. Dienstleistungsangebots

artigkeit» des Produkt- bzw. Dienstleistungsangebotes zu überwinden, schaffen Eintrittsbarrieren. Diese Eintrittsbarrieren ermöglichen es einem Unternehmen, sich gegen Preissenkungen abzuschirmen. Bei allem strategischen Potenzial einer Orientierung an der Qualitätsführerschaft innerhalb einer Branche muss jedoch betont werden, dass eine Differenzierungsstrategie ein Unternehmen nicht davon befreit, auch die Kostenseite der Leistungserstellung im Auge zu behalten.

▶ Abb. 5-5 umschreibt die Vorteile der Differenzierungsstrategie bezogen auf die Wettbewerbskräfte einer Branche.

Beispiel

Die Firma Migros verfolgte in ihren Anfangsjahren eine aggressive Preisstrategie. Diese hat sich im Laufe der Jahre jedoch zu einer gesamtmarktorientierten Differenzierungsstrategie, gekoppelt mit zurückhaltender Preispolitik, entwickelt. Das im wesentlichen auf dem Vertrieb von Eigenmarken aufgebaute Migros-Konzept basierte jahrelang auf der Leistungsdifferenz der «Produktfrische». Dieses Konzept wurde durch raschen Warenumschlag, frühzeitige Einführung des Verfalldatums (Migrosdata) und ausgefeilte Logistik unterstützt. Zudem unterstrich man die gute, aber nicht übertriebene Migros-Qualität zu vernünftigen Preisen. Da die Konkurrenz durch die Generalisierung des Verfalldatumsaufdrucks bezüglich Frische aufgeholt hat, betont man in jüngerer Zeit, allerdings im Vergleich zu Coop noch ohne genügende Vehemenz, auch die an ökologischen Werten orientierte Grundeinstellung und die Bio-Qualität gewisser Produkte.

Wettbewerbskräfte	Vorteile der Differenzierungsstrategie
Rivalität unter den bestehenden Wettbewerbern	Differenzierung erzeugt eine hohe Loyalität der Kunden und daher eine niedrige Preissensitivität. Die Kunden reagieren weniger stark auf Preissenkungen der Konkurrenz und bleiben dem eigenen Unternehmen treu.
Gefahr des Markteintritts durch neue Wettbewerber	Die erzielte Kundentreue zwingt Konkurrenten, die von den Kunden wahrgenommene Einzigartigkeit zu überwinden. Diese Eintrittsbarriere schützt vor einem Eindringen neuer Wettbewerber in den Markt.
Verhandlungsstärke der Kunden	Den Kunden fehlen vergleichbare Alternativen. Sie sind deshalb weniger preissensitiv, da sie aufgrund der Einzigartigkeit des Produktes bzw. der Dienstleistung bereit sind, auch höhere Preise zu bezahlen (Markenartikel).
Bedrohung durch Ersatzprodukte und -dienste	Die Kundentreue schützt das Unternehmen besser vor Ersatzprodukten, als dies bei Mitbewerbern ohne Differenzierungsvorteil in der gleichen Branche der Fall ist.
Verhandlungsstärke der Lieferanten	Die höheren Erträge, die durch die einzigartige Situation möglich sind, erlauben im Vergleich zur Konkurrenz Spielraum bei einer allfälligen Erhöhung der Beschaffungskosten.

▲ Abb. 5-5 Wettbewerbskräfte und Differenzierungsstrategie

5.3.3 Konzentration auf Marktnischen

Klein- und Mittelunternehmen (KMU)

Wie ◀Abb. 5-3 zeigt, besteht eine dritte strategische Option insbesondere für kleinere und mittlere Unternehmen (KMU) darin, sich auf Schwerpunkte für eine spezifische Kundengruppe, einen regionalen Markt oder eine enge Produktlinie zu konzentrieren bzw. zu spezialisieren. Eine solche Nischenstrategie beruht auf der Annahme, dass ein Allein- bzw. Spezialitätenanbieter aufgrund des eng gefassten Zieles die Kunden massgeschneiderter mit Produkten oder Dienstleistungen versorgen kann als breiter agierende Unternehmen.

Nischenstrategien

Nischenstrategien können entweder auf Leistungs- oder auf Preisdifferenzierung beruhen. In beiden Fällen ist es wesentlich, dass sich das Produkt- bzw. Dienstleistungsangebot nicht am Gesamtmarkt und damit an allen Konkurrenten orientiert, sondern an einer bestimmten Kundengruppe mit ganz spezifischen Bedürfnissen, also einer geschützten Marktnische mit begrenzter Wettbewerbsintensität (sprich weniger intensivem Konkurrenzkampf). Idealerweise sollte diese Marktnische nicht bereits durch andere Anbieter in der Region mit entsprechend spezifischen Angeboten bearbeitet werden. Nischenstrategien setzen voraus, dass ein Unternehmen aufgrund seiner Grösse überhaupt in der Lage ist, von den in einem eng begrenzten Marktbereich möglichen Gewinnen mit Klein- und Kleinstserien zu leben und immer wieder durch innovative Problemlösungen zu überzeugen.

Beispiel

Eine nischenorientierte Differenzierungsstrategie wird im Lebensmittelhandel vom Warenhaus Globus betrieben. Das mit exotischen Produkten, ausgesuchten Genussmitteln und ausgewählten Frischprodukten angereicherte Produktsortiment, die attraktive Präsentation der Waren und die Hochpreispolitik machen deutlich, dass im wesentlichen eine gehobene Kundenschicht mit kulinarischen Interessen und einer entsprechenden Ess- und Trinkkultur angesprochen wird.

5.4 Folgerungen für ein erfolgreiches strategisches Management

Dauerhafte Einzigartigkeit

Die Ausführungen zu Grundsatzüberlegungen des strategischen Managements haben gezeigt, dass nachhaltige Gewinne und damit eine langfristig hohe Rentabilität aus der Entwicklung einer dauerhaften Einzigartigkeit entstehen. Diese Einzigartigkeit entsteht strategisch durch den Aufbau von Eintrittsbarrieren, die der Konkurrenz den Markteintritt erschweren bzw. im Idealfall sogar verunmöglichen. Solche strategischen

Aktivitäten, die von der Konkurrenz nur schwer nachzuahmen sind, schützen das Unternehmen im hart umkämpften Wettbewerb vor einem ruinösen Preiskampf; sei es, weil durch Differenzierungsvorteile die Kunden weniger preisempfindlich sind, oder sei es, weil ein Unternehmen durch relative Kostenvorteile auch dann noch Gewinne erzielt, wenn die Konkurrenten aufgrund schlechterer Kostenstrukturen in die Verlustzone geraten. Sämtliche Produkte oder Dienstleistungen hingegen, die leicht kopier- und damit nachahmbar sind, sind aus strategischer Sicht wenig dienlich für den Aufbau nachhaltiger Wettbewerbsvorteile. So sind beispielsweise Massnahmen zur täglichen Effizienzsteigerung im betrieblichen Wertschöpfungsprozess dank dem Einsatz der ständig neuesten Technologien zwar zwingend erforderlich, um mit der Konkurrenz mitzuhalten, jedoch per se nicht ausreichend, um einen langfristigen Wettbewerbsvorteil zu erreichen; denn solange die Konkurrenten über dieselben Technologien verfügen können, werden auch sie die damit verbundenen Vorteile nutzen. Als Folge davon profitieren zwar die Kunden durch ein verbessertes Preis-Leistungs-Verhältnis (was im Sinne des Stakeholder-Value-Denkens ja auch positiv und wünschenswert ist), nicht aber das einzelne Unternehmen, weil sich an der Gewinnmarge nichts verbessern wird. Dies deshalb, weil in dem Umfang, wie durch neue, nicht durch Patente geschützte Technologien die Kosten der Leistungserstellung reduziert werden, mittel- bis langfristig bei funktionierendem Wettbewerb auch die Preise sinken werden.

Aufbau nachhaltiger Wettbewerbsvorteile

Für ein Unternehmen ist es äusserst anspruchsvoll, über längere Zeit stabile Eintrittsbarrieren aufzubauen. Vielfach ist es so, dass einmal aufgebaute Eintrittsbarrieren nicht ewig Bestand haben, sondern lediglich temporär wirksam sind. Dies liegt daran, dass die Konkurrenz ebenfalls strategisch denkt und versuchen wird, «den Geheimcode zu knacken», sprich herauszufinden, wie die Eintrittsbarrieren überwunden werden können. Zudem ist es gewöhnlich so, dass sich die Spielregeln innerhalb einer Branche immer wieder verändern und sich damit auch die strategischen Pläne laufend weiterentwickeln müssen. Eine solide Strategie, welche die erworbene Rentabilität langfristig halten bzw. von einer ungenügenden zur gewünschten Rentabilität führen soll, setzt deshalb immer auch voraus, dass die Geschäftsleitung eine klare Vorstellung davon hat, was in Zukunft geschehen wird. Die gegenwärtigen Triebkräfte der Branche zu analysieren und gezielt zu beeinflussen, ist nur dann von Nutzen, wenn dies der Geschäftsleitung hilft, die Wettbewerbsstruktur der Branche von morgen und damit auch die Rentabilitätsquellen von morgen zu verstehen. Erst dieses Verständnis der Umweltveränderungen (technolo-

Stabile Eintrittsbarrieren

gische, gesetzliche etc.) und insbesondere auch der Branchenentwicklungen schafft die Voraussetzungen für langfristigen Unternehmenserfolg. Strategisch denken bedeutet deshalb vor allem, sich aufbauend auf den bereits bestehenden Stärken kontinuierlich neue Strategiemassnahmen zu überlegen, mit denen ein Unternehmen frühzeitig die sich laufend verändernden Spielregeln des Wettbewerbs zu seinem Vorteil nutzen kann.

Innovationsmanagement

Fortlaufende Innovationen, die rasch zu marktreifen Produkten führen, sind dabei ein zentraler Schlüssel zum Erfolg. Sie bieten die Chance, als Erstanbieter von den attraktiven Gewinnmargen in noch jungen Märkten zu profitieren und diese finanziellen Überschüsse sogleich strategisch geschickt für die Entwicklung von Differenzierungs- bzw. Kostenvorteilen zu nutzen und damit in den Aufbau von Eintrittsbarrieren zu investieren.

Kapitel 6
Finanzielle Unternehmensführung

«Finanzieller Erfolg ist nicht alles.
Aber ohne finanziellen Erfolg ist alles nichts.» Autor unbekannt

Strategischer Erfolg schlägt sich in finanziellem Erfolg nieder. Es ist Aufgabe der Finanzabteilung, im Rahmen des Rechnungswesens die finanzwirtschaftlichen Vorgänge innerhalb eines Unternehmens wertmässig korrekt zu erfassen, zu bewerten, zu kontrollieren und empfängerorientiert aufzubereiten. Das Rechnungswesen als Informationsinstrument (Finanz- und Betriebsbuchhaltung, Bilanz- und Erfolgsanalyse, Finanzkennzahlen etc.) liefert quasi die Sprache der Finanzen. Neben der konkreten Ausgestaltung und Betreuung des Rechnungswesens sowie der Finanzplanung und -kontrolle beinhaltet die finanzielle Unternehmensführung auch das Finanzmanagement. Das Finanzmanagement, sprich die Bewirtschaftung der Finanzmittel zur Aufrechterhaltung des finanziellen Gleichgewichts eines Unternehmens, umfasst im Kern zwei Aufgabenbereiche: Einerseits muss möglichst kostengünstig das erforderliche Kapital beschafft (Finanzierung) sowie die jederzeitige Liquidität gewährleistet werden. Andererseits sind sämtliche unternehmerischen Aktivitäten und (Investitions-)Entscheide dahin-

Finanzmanagement

gehend zu prüfen, ob sie langfristig wertsteigernd sind, sprich finanziellen Mehrwert erzielen. Diese Unternehmenswertsteigerung liegt im Interesse aller Anspruchsgruppen.

6.1 Kerngedanke – Die finanzielle Grundlogik

Steigerung des Unternehmenswertes

Oberstes Ziel der Unternehmensführung ist eine nachhaltige Unternehmenswertsteigerung. Es ist Aufgabe des Finanzmanagements, sämtliche unternehmerischen Aktivitäten auf dieses Ziel der Wertsteigerung auszurichten. Konkret bedeutet dies, dass ein Unternehmen mit dem Verkauf von Produkten und Dienstleistungen mehr einnehmen muss, als es für die Leistungserstellung zu bezahlen hat. Daraus resultiert nämlich ein Einzahlungsüberschuss, ein sogenannter betrieblicher bzw. operativer Cashflow (dieser entspricht in etwa dem Gewinn vor Abschreibungen). Der Cashflow aus operativer Tätigkeit gibt an, welcher Beitrag an liquiden Mitteln ein Unternehmen aus der Geschäftstätigkeit, sprich aus eigener Kraft und damit ohne externe Zuführung von Kapital (Aussenfinanzierungsquellen), erwirtschaftet. Er drückt mit anderen Worten aus, wie viel Geld während einer bestimmten Periode im Zusammenhang mit der betrieblichen Tätigkeit in die Kassen des Unternehmens fliesst und am Ende dieser Periode nach Abzug aller anfallenden Ausgaben noch in liquider Form zur Verfügung steht (vgl. dazu nochmals ◀ Abb. 3-11 auf Seite 70).

Cashflow-Erzielung im Mittelpunkt finanzwirtschaftlicher Überlegungen

Je höher der operative Cashflow, desto besser ist dies für das Unternehmen. Die selbst erwirtschafteten Finanzmittel stehen der Geschäftsleitung für Investitionen, zur Rückzahlung von Fremd- oder Eigenkapital, für Gewinnausschüttungen etc. zur Verfügung. Der operative Cashflow ist damit eine zentrale finanzwirtschaftliche Ziel- und Lenkungsgrösse. Als Gradmesser der Ertrags- und Selbstfinanzierungskraft gibt er Auskunft über die finanzielle Gesundheit eines Unternehmens. In diesem Sinn steht die Cashflow-Erzielung im Mittelpunkt der finanzwirtschaftlichen Überlegungen. Wie – bildlich gesprochen – das Blut durch den menschlichen Organismus fliesst, so fliesst Cash durch das Unternehmen. Dabei bildet die Erzielung von Cashflow aus kurzfristiger Optik nicht nur die notwendige Basis einer gesunden Liquiditätserhaltung (Abschnitt 6.1.1), sondern auf lange Sicht auch die Quelle für finanzielle Wertsteigerungen (Abschnitt 6.1.2).

6.1.1 Cashflow-Erzielung als Basis zur Liquiditätssicherung

Ausreichende Liquidität ist für jedes Unternehmen ein notwendiges Ziel, welches das Erreichen anderer Unternehmensziele erst ermöglicht. Wesentlicher Bestandteil des Finanzmanagements ist deshalb an allererster Stelle eine zweckmässige Steuerung der Einnahmen- und Ausgabenströme, d.h. der Cashflows. Neben dem operativen Cashflow (Cashflow aus Geschäftstätigkeit) sind dabei im Rahmen der Liquiditätsplanung und -steuerung auch der Cashflow aus Investitions- und der Cashflow aus Finanzierungstätigkeit von Bedeutung. Im Rahmen der Liquiditätsplanung werden die Geldflüsse aus Geschäfts-, Investitions- und Finanzierungstätigkeit gruppiert dargestellt. Dies erfolgt – wie bereits in Kapitel 3 im Zusammenhang mit der Finanzplanung erläutert – mit dem Ziel, die Zusammensetzung und Veränderung des Bestandes an flüssigen Mitteln abzubilden und damit Transparenz über den Zahlungsmittelstrom in einem Unternehmen herzustellen (◄ Abb. 3-10 auf Seite 69).

Liquiditätsplanung und -steuerung

Es ist Aufgabe der finanziellen Unternehmensführung, das finanzielle Gleichgewicht eines Unternehmens durch eine sorgfältige Liquiditätsplanung und -steuerung jederzeit aufrechtzuerhalten. Dieses finanzielle Gleichgewicht ist hergestellt, wenn der Kapitalbedarf immer gleich oder kleiner ist als die Summe der zur Verfügung stehenden Fremd- und Eigenkapitalien. Unterschreiten die Deckungsmöglichkeiten jedoch den Kapitalbedarf, so ist ein Unternehmen illiquid und kann seinen Zahlungsverpflichtungen nicht mehr termingerecht nachkommen. Dauert dieser Zustand der Zahlungsunfähigkeit länger an, so führt dies früher oder später (d.h. je nach Geduld der Gläubiger) zum Konkurs. Der umgekehrte Fall der Überliquidität, der die Folge eines reichlichen Cashflows sein kann, ist ebenfalls keine Gleichgewichtssituation. Eine Überliquidität ist zwar positiv für die Sicherheit eines Unternehmens, beeinträchtigt aber die Rentabilität. Dies deshalb, weil ein Unternehmen, das einen zu hohen Bestand an liquiden Mitteln hält, diese flüssigen Mittel nicht für sinnvolle Investitionen nutzt und sich damit potenzielle Erträge in der Zukunft entgehen lässt. Gerade diese Erträge der Zukunft sind es jedoch, welche gewinnbringend eingesetzt zu einer finanziellen Unternehmenswertsteigerung beitragen.

Jederzeitige Zahlungsfähigkeit sicherstellen

6.1.2 Free-Cashflow-Erzielung als Basis zur finanziellen Wertsteigerung

Finanzielle Wertsteigerung

Die Sicherstellung der jederzeitigen Zahlungsbereitschaft ist lediglich eine notwendige, aber noch keine hinreichende Bedingung erfolgreicher Unternehmensführung. Aus strategischer Sicht muss die unternehmerische Tätigkeit zu einer Steigerung des Unternehmenswertes führen. Dies aufgrund des Erfordernisses, wettbewerbsfähig zu bleiben und den Eigentümern (Gesellschaftern, Aktionären) eine attraktive Rendite auf ihr investiertes Kapital bieten zu können. Ist ein Unternehmen dazu nicht in der Lage, droht ihm, dass die Eigentümer ihr Kapital aus dem Unternehmen abziehen bzw. dass für die Finanzierung grösserer Investitionsvorhaben, die nicht aus selbst erwirtschafteten Mitteln bestritten werden können, kein neues Kapital zur Verfügung steht.

Erzielung von Free Cashflows

Finanzieller Wert wird langfristig durch das Erzielen von frei verfügbaren, sogenannten Free Cashflows geschaffen. Der Free Cashflow umfasst diejenigen innerhalb einer Periode selbst erarbeiteten Mittel, die weder für das operative Geschäft noch für (Ersatz-, Neu- und Erweiterungs-)Investitionen benötigt werden (vgl. dazu nochmals ◄ Abb. 3-11 auf Seite 70). Diese freien Cashflows geben dem Eigentümer Auskunft über die effektive Wertsteigerung des Unternehmens pro Jahr. Es ist nämlich derjenige jährliche Überschuss der Einnahmen über die Ausgaben, der dem Unternehmen zur freien Verfügung verbleibt. Dieser Free Cashflow kann zur Rückzahlung von Fremd- und Eigenkapital oder zur Ausschüttung von Dividenden an Aktionäre bzw. Gesellschafter genutzt werden. Je besser es einem Unternehmen gelingt, heute und in Zukunft Free Cashflows zu erzielen, umso wertvoller ist dieses Unternehmen aus Sicht der Kapitalgeber. Für ein Unternehmen mit hohem Wertsteigerungspotenzial und attraktiven Renditeaussichten wird es denn auch leichter sein, zusätzliches Eigenkapital von neuen Gesellschaftern oder bei Aktiengesellschaften durch eine Kapitalerhöhung an der Börse zu bekommen. Unternehmen hingegen, die keine adäquate Steigerung ihres Wertes erreichen, werden für Investoren unattraktiv. Sie werden es schwerer haben, zusätzliche Finanzmittel von den Fremd- und Eigenkapitalgebern zu erhalten.

Aus Sicht des wertorientierten Finanzmanagements interessiert nun, durch welche konkreten Ansatzpunkte der finanzielle Unternehmenswert kontinuierlich gesteigert werden kann, um als Unternehmen für Investoren eine attraktive Kapitalanlage zu sein (Abschnitt 6.3). Dies erfordert zunächst die Klärung der Frage, wie der Unternehmenswert errechnet wird (Abschnitt 6.2). Denn Unternehmerinnen und Unternehmer schaffen es dann am besten, den finanziellen Wert ihres Unternehmens zu erhöhen, wenn sie die Ursache-Wirkungs-Beziehungen zwischen den betrieblichen Ansatzpunkten zur Unternehmenswertsteigerung und dem Unternehmenswert verstehen.

6.2 Ermittlung des finanziellen Unternehmenswertes

Auch wenn kein Verkauf des Unternehmens ansteht, möchte doch jeder Unternehmer gern wissen, was sein Unternehmen finanziell wert ist. Die Ermittlung des Unternehmenswertes gehört zu den schwierigsten und komplexesten Themen der Betriebswirtschaft. Dies nicht zuletzt deshalb, weil die Ermittlung des Unternehmenswertes immer auch eine Frage des Blickwinkels ist und damit verschiedene Sichtweisen möglich sind. Der finanzielle Unternehmenswert kann entweder vergangenheits- oder zukunftsorientiert ermittelt werden.

Frage des Blickwinkels

Die zumindest auf den ersten Blick naheliegendste Form der Ermittlung des Unternehmenswertes besteht darin, den finanziellen Wert eines Unternehmens als Summe aller korrekt bewerteten Vermögensgegenstände aufzufassen und davon alle Schulden abzuziehen. Dieses Netto-Vermögen ist aus der Bilanz ersichtlich und das Ergebnis vergangener Leistungen. Die Bewertung eines Unternehmens kann und darf aber nicht nur vergangenheitsorientiert anhand der Vermögensgegenstände in der Bilanz (Maschinen, Anlagen, Gebäude, Vorräte etc.) und damit auf Basis des sogenannten Substanzwertes vorgenommen werden, denn die vorhandene Substanz stellt in den meisten Fällen nur einen Bestandteil des wirklichen Unternehmenswertes dar. Der Unternehmenswert hängt nicht nur vom Wert des bilanzierten Vermögens ab, sondern auch davon, was man daraus in der Zukunft macht. Im Sinne der wertorientierten Unternehmensführung und insbesondere im Hinblick auf die Suche nach wertsteigernden Massnahmen ist deshalb der finanzielle Unternehmenswert zukunftsorientiert zu ermitteln. Um diese zukunftsorientierte Unternehmenswertermittlung zu verstehen, lohnt es sich, im Folgenden ein Unternehmen aus Eigentümersicht bzw. aus Sicht eines Investors zu betrachten.

Vergangenheits-orientierte Unternehmenswert-ermittlung

Zukunftsorientierte Unternehmenswert-ermittlung

Für einen Investor ist ein Unternehmen als Investitions- bzw. Anlageobjekt dann interessant, wenn sein finanzielles Engagement eine attraktive und risikogerechte Rendite verspricht. Ihn interessiert mit anderen Worten weniger die historische Substanz, wie sie in der Bilanz abgebildet ist, als vielmehr das zukünftige Ertrags- und damit Free-Cashflow-Potenzial. Für den Investor ist deshalb bei der Bewertung eines Unternehmens der sogenannte Ertragswert von zentraler Bedeutung. Zwei weitverbreitete Methoden zur Ermittlung des Ertragswertes eines Unternehmens

DCF-Methode und EVA-Ansatz

sind dabei die Discounted-Cashflow-Methode (DCF-Methode) und das Economic-Value-Added-Konzept (EVA-Ansatz). Die grundsätzlichen Denkweisen dieser beiden ertragswertorientierten Unternehmensbewertungsmethoden werden in den folgenden Abschnitten 6.2.1 und 6.2.2 erläutert. Dies erfolgt mit dem Ziel, anschliessend die in Abschnitt 6.3 aufgeführten Ansatzpunkte zur finanziellen Unternehmenswertsteigerung mit denjenigen Faktoren in Verbindung zu setzen, die aus ertragswertorientierter Sicht den Unternehmenswert massgeblich beeinflussen.

6.2.1 Grundgedanke der Discounted-Cashflow-Methode (DCF-Methode)

Die Discounted-Cashflow-Methode (DCF-Methode) ist der am weitesten verbreitete Ansatz zur Unternehmensbewertung. Er beruht auf der finanzwirtschaftlichen Überlegung, dass die zukünftigen Free Cashflows den heutigen Wert eines Unternehmens bestimmen. Je höher die erwarteten, zukünftigen und frei verfügbaren Einzahlungsüberschüsse sind, umso mehr ist ein Unternehmen aus Sicht der Kapitalgeber heute wert. Dies deshalb, weil bei der DCF-Methode rechnerisch alle diese frei verfügbaren Zahlungsüberschüsse des zu bewertenden Unternehmens risikoadäquat auf einen Bewertungsstichtag abgezinst (d.h. diskontiert) und aufsummiert werden (vgl. ▶ Abb. 6-1). Man erhält auf diese Weise den sogenannten Ertragswert des Unternehmens. Oder anders ausgedrückt: Der Unternehmenswert ist nach der DCF-Methode die Summe der Bar- bzw. Gegenwartswerte aller zukünftig zu erwartenden Free Cashflows, wobei die erwarteten zukünftigen freien Cashflows aus der Finanzplanung ermittelt werden können. Je weiter in der Zukunft dabei die jeweiligen frei verfügbaren Einzahlungsüberschüsse liegen, umso weniger stark beeinflussen sie den heutigen Unternehmenswert; denn ein Franken, den ich heute erhalte, ist aufgrund des Zeitwertes des Geldes mehr wert als ein Franken, den ich erst in einem Jahr bekomme. Ein Franken, den ich in einem Jahr erhalte, ist wiederum mehr Wert als ein Franken, den ich erst in zwei Jahren erhalte. Der Grund dafür liegt darin, dass ich das Geld heute anlegen kann und dafür Zins- und Zinseszinszahlungen erhalte. Umgekehrt muss ich deshalb einen Franken, den ich erst in einem Jahr bzw. in zwei Jahren etc. erhalte, auf seinen heutigen Wert, genannt Bar- oder Gegenwartswert, abzinsen.

Zukünftig erwartete Free Cashflows

Mathematisch sind es zwei Faktoren, die nach der DCF-Methode den Unternehmenswert bestimmen. Es sind dies erstens die zukünftigen Free Cashflows. Dabei ist jedoch zu beachten, dass alle zukunftsbezogenen Bewertungen Schätzungen sind, die auf unsicheren Erwartungen basie-

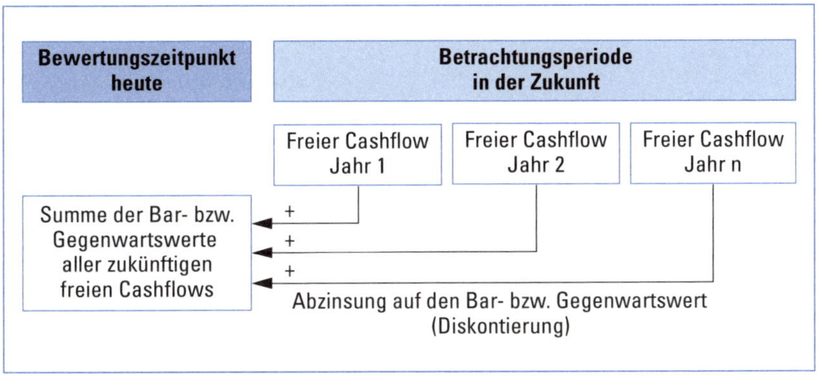

▲ Abb. 6-1 Grundgedanke des Diskontierens bei der DCF-Methode

ren, und es deshalb nie einen absolut «korrekten» finanziellen Unternehmenswert geben wird. Zweitens hängt der Unternehmenswert stark davon ab, mit welchem Diskontierungsfaktor die prognostizierten zukünftigen Free Cashflows auf den Gegenwartswert abgezinst werden. Je höher der Diskontierungsfaktor ist, umso tiefer sind die Gegenwartswerte der erwarteten zukünftigen Free Cashflows.

Diskontierung (Abzinsung)

Der Diskontierungsfaktor entspricht bei der Unternehmensbewertung dem gewichteten Durchschnitt der Finanzierungskosten für das Fremd- und Eigenkapital, auch Kapitalkostensatz (WACC-Satz = Weighted Average Cost of Capital) genannt. Der Kapitalkostensatz wird als Diskontierungsfaktor gewählt, weil er die Zinsforderungen der Fremdkapitalgeber und die Renditeforderungen der Eigenkapitalgeber widerspiegelt, die erfüllt werden müssen, um die zukünftigen Free Cashflows dank dem von den Investoren zur Verfügung gestellten Kapital überhaupt erst erwirtschaften zu können. Die Kosten des Fremdkapitals ergeben sich dabei aus den Verträgen mit den Fremdkapitalgebern (Hypothekarzins, Darlehenszins etc.). Sie sind verhältnismässig einfach zu bestimmen. Die Kosten des Eigenkapitals demgegenüber sind schwieriger zu ermitteln. Die Eigenkapitalkosten entsprechen den Renditeerwartungen der Investoren. Diese sind umso höher, je höher das Risiko ist, welches ein Unternehmen mit seiner Geschäftstätigkeit eingeht. Dies deshalb, weil Investoren von einer Geldanlage mit einem höheren finanziellen Risiko stets auch einen höheren Renditeanspruch erwarten, denn ohne höhere Rendite wird kein grösseres Risiko in Kauf genommen (Risiko-Rendite-Prinzip). Dies bedeutet in letzter Konsequenz, dass Investoren bei gleicher erwarteter Rendite demjenigen Unternehmen ihr Kapital zur Verfügung stellen, das weniger risikobehaftet ist. Wer hingegen als Investor bereit ist, ein höheres Risiko einzugehen, erwartet dafür auch eine höhere Rendite.

Kapital ist nicht gratis

Kapitalkostensatz (WACC-Satz)

Risiko-Rendite-Prinzip

6.2.2 Grundgedanke des Economic-Value-Added-Ansatzes (EVA-Ansatz)

Gesamtkapitalrendite > Kapitalkostensatz

Dem EVA-Ansatz liegt der Gedanke zugrunde, dass ein Unternehmen nur dann einen finanziellen Wert für die Investoren erwirtschaftet, wenn die Rendite auf das eingesetzte Kapital die Kapitalkosten des Unternehmens übersteigt. Anders ausgedrückt: Nur wenn ein Unternehmen eine Gesamtkapitalrendite erzielt, welche die von den Kapitalgebern verlangte Mindestverzinsung auf das zur Verfügung gestellte Fremd- und Eigenkapital übersteigt, werden finanzielle Werte geschaffen. Solche Unternehmen sind für Investoren interessant.

Überrendite

Economic Value Added (Übergewinn)

Die Differenz zwischen Gesamtkapitalrendite und Kapitalkostensatz wird auch als Überrendite (bzw. Nettorendite) bezeichnet. Multipliziert man diese Überrendite mit dem investierten Kapital, erhält man die jährliche finanzielle Wertsteigerung (Economic Value Added, EVA) bzw. Wertvernichtung des Unternehmens. Ein positiver Betrag bedeutet, dass die Renditeforderungen der Eigen- und Fremdkapitalgeber übererfüllt wurden und somit ein absoluter Übergewinn entstanden ist. Dieser Übergewinn steht den Eigenkapitalgebern zu, da ja bereits sämtliche Forderungen der anderen Anspruchsgruppen (Fremdkapitalgeber etc.) vorgängig abgegolten worden sind. Summiert man nun die Barwerte der für die Zukunft geschätzten jährlichen Übergewinne eines Unternehmens und addiert sie zum investierten Anfangskapital hinzu, so ergibt sich ein zur DCF-Methode analoger finanzieller Unternehmenswert.

Der Grundgedanke des EVA-Ansatzes und dabei insbesondere die relativ einfach zu berechnende Überrendite ist für die wertorientierte Unternehmensführung besonders wertvoll bei der Beurteilung eines einzelnen Investitionsprojekts. Für die Wertsteigerung von morgen zentral sind die richtigen Investitionsentscheide von heute. In Anwendung dieses Grundgedankens trägt eine einzelne Investition dann zur Unternehmenswertsteigerung bei, wenn die Rendite (der sogenannte Return on Investment, ROI) über den risikoabhängigen Kosten des für die Investition benötigten Kapitals liegt. Konkret bedeutet dies, dass aus streng betriebswirtschaftlicher Sicht lediglich solche Investitionen getätigt werden sollten, die eine Überrendite erwarten lassen. Nur solche Investitionen tragen zur Steigerung des finanziellen Unternehmenswertes bei.

6.3 Ansatzpunkte zur Steigerung des finanziellen Unternehmenswertes

Wie in Abschnitt 6.2 ausgeführt wurde, ist ein Unternehmen für Investoren dann interessant, wenn es der Unternehmensführung durch die dauerhafte Erzielung von Free Cashflows bzw. das dauerhafte Erwirtschaften von Überrenditen gelingt, eine nachhaltige finanzielle Wertsteigerung zu erreichen. Diese Wertsteigerung ist es, welche es einem Unternehmen ermöglicht, die Renditeerwartungen der Kapitalgeber zu erfüllen und diesen eine risikogerechte Verzinsung des eingesetzten Kapitals zu garantieren.

Werttreiberbaum

Folgt man dem zentralen Grundgedanken des EVA-Ansatzes, wonach ein Unternehmen eine Gesamtkapitalrendite erzielen muss, welche zumindest die von den Kapitalgebern verlangte Mindestverzinsung auf das eingesetzte Fremd- und Eigenkapital abdeckt, so lassen sich daraus konkrete Ansatzpunkte zur finanziellen Steigerung des Unternehmenswertes ableiten. Teilt man nämlich die Überrendite (Differenz zwischen Gesamtkapitalrendite und Kapitalkostensatz) in ihre Bestandteile auf, zeigen

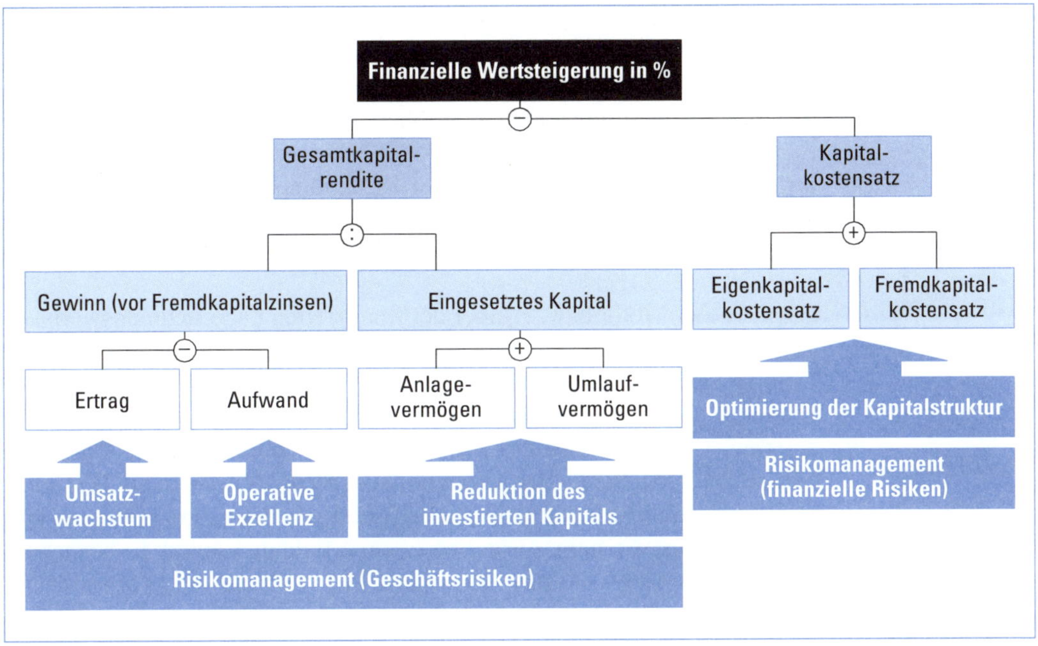

▲ Abb. 6-2 Werttreiberbaum und Unternehmenswertsteigerung

sich in Form eines Werttreiberbaums[1] mögliche Ansatzpunkte zur langfristigen Unternehmenswertsteigerung (◂ Abb. 6-2).

Erhöhung der Gesamtkapitalrendite

Senkung des Kapitalkostensatzes

In Anwendung des Werttreiberbaums lassen sich zwei grundsätzliche Kategorien von Ansatzpunkten zur Unternehmenswertsteigerung unterscheiden: Zum einen lässt sich der Unternehmenswert steigern, indem gezielt versucht wird, die Gesamtkapitalrendite zu erhöhen. Zum anderen lässt er sich steigern, indem der Kapitalkostensatz gesenkt wird. Beide grundsätzlichen Ansatzpunkte und die dahinter liegenden Werttreiber, die in ◂ Abb. 6-2 rot hervorgehoben sind, werden in den folgenden Abschnitten 6.3.1 und 6.3.2 näher erläutert.

6.3.1 Erhöhung der Gesamtkapitalrendite

Umsatzwachstum

Operative Exzellenz

Reduktion des investierten Kapitals

Zur Erhöhung der Gesamtkapitalrendite (Gewinn vor Zinsen im Verhältnis zum eingesetzten Kapital) stehen mehrere Werttreiber zur Verfügung. Es sind dies – wie ◂ Abb. 6-2 zeigt – zunächst einmal sämtliche Massnahmen, die zu Umsatzwachstum führen und damit ertragsseitig zu einer Gewinnerhöhung beitragen. Darüber hinaus lässt sich die Gesamtkapitalrendite auch durch die Erzielung operativer Exzellenz, sprich die sinnvolle Ausnutzung von Effizienz- und Kostensparpotenzialen im betrieblichen Wertschöpfungsprozess, erhöhen. Umsatzwachstum und operative Exzellenz sind zentrale Bestandteile jeder Wertsteigerungsstrategie. Eine dritte Möglichkeit zur Erhöhung der Gesamtkapitalrendite besteht darin, Massnahmen zur Reduktion des investierten Kapitals in Anlage- und Umlaufvermögen zu ergreifen.

6.3.1.1 Umsatzwachstum

Ein zentraler Motor bzw. Treiber der finanziellen Unternehmenswertsteigerung ist das Umsatzwachstum. Es ist Massstab dafür, wie gut es einem Unternehmen beispielsweise durch die Lancierung neuer, erfolgreicher Produkte gelingt, Kundennutzen zu stiften und wachsende Verkäufe zu erzielen. Umsatzwachstum kann die Gesamtkapitalrendite dauerhaft erhöhen. Dies geschieht allerdings nur dann, wenn es gelingt, ein bestimmtes Umsatzwachstum mit möglichst geringen Zusatzinvestitionen und damit möglichst wenig zusätzlich erforderlichem Kapital zu erreichen. Zudem muss sich Umsatzwachstum im Hinblick auf eine Verbesserung

1 Werttreiber (auch Wertgeneratoren genannt) sind alle jene Massnahmen, die das finanzwirtschaftliche Ergebnis massgeblich beeinflussen und deren Verbesserung zu einer Steigerung des finanziellen Unternehmenswertes führt.

der Gesamtkapitalrendite überproportional in steigende Gewinne verwandeln lassen. Ob dies gelingt, hängt entscheidend von der operativen Exzellenz und damit der Beherrschung effizienter Geschäftsprozesse ab.

6.3.1.2 Operative Exzellenz

Ein zweiter wichtiger Werttreiber zur Erzielung einer hohen Gesamtkapitalrendite ist die Verwirklichung operativer Exzellenz im betrieblichen Wertschöpfungsprozess. In der praktischen Anwendung bedeutet dies nichts anderes, als abteilungsübergreifend immer wieder systematisch nach sinnvollen Kostensparpotenzialen beim Einsatz der Ressourcen zu suchen. Im Zentrum der Anstrengungen stehen dabei Massnahmen wie die Einführung einer kostenbewussten Unternehmenskultur, die Gestaltung schlanker und effizienter Prozessabläufe, die Beseitigung von Doppelspurigkeiten und vieles mehr. Ziel solcher Massnahmen muss es aus finanzwirtschaftlicher Sicht sein, die Wirtschaftlichkeit im Kundenmanagement-, Betriebs- und Innovationsprozess systematisch zu optimieren und so die Wettbewerbsfähigkeit eines Unternehmens laufend zu verbessern (vgl. dazu nochmals ◄ Abb. 3-12 auf Seite 71).

Effiziente Prozessabläufe

6.3.1.3 Reduktion des investierten Kapitals

Ein dritter geeigneter Ansatzpunkt zur Steigerung des Unternehmenswertes liegt auch in der Reduktion der Höhe des eingesetzten bzw. gebundenen Kapitals. Eine geringere Kapitalbindung lässt sich beispielsweise erreichen, indem nichtbetriebsnotwendiges Anlagevermögen verkauft wird. Das durch eine solche Desinvestition freigesetzte Kapital kann zur Kapitalrückzahlung (z.B. Schuldentilgung) und damit zur Reduktion des eingesetzten Kapitals verwendet werden. Es kann aber auch zielgerichtet für Investitionen in neue Projekte genutzt werden. Dies ist finanzwirtschaftlich jedoch nur dann sinnvoll, wenn bei der Wiederverwendung des freigesetzten Kapitals in neue Investitionsvorhaben die erwartete Rendite über den Kapitalkosten liegt. Nur dann sind die finanziellen Mittel eines Unternehmens wertsteigernd angelegt.

Verkauf von nicht benötigtem Anlagevermögen

Neben dem Verkauf von nicht benötigtem Anlagevermögen kann das im Unternehmen gebundene Kapital auch durch eine optimale Bewirtschaftung des Umlaufvermögens und damit ein gezieltes Vorrats- und Forderungsmanagement reduziert werden. So kann beispielsweise eine möglichst geringe Lagerhaltung durch Just-in-Time-Beschaffung oder eine kurze Zahlungsfrist für Kunden bei ausstehenden Rechnungen den Kapitalbedarf und damit auch die Kapitalkosten senken.

Optimale Bewirtschaftung des Umlaufvermögens

6.3.2 Senkung des Kapitalkostensatzes

Neben der Erhöhung der Gesamtkapitalrendite besteht ein weiterer Ansatzpunkt zur Steigerung des finanziellen Unternehmenswertes in der Senkung des Kapitalkostensatzes und damit letztlich auch der Kapitalkosten. Die Kapitalkosten werden einerseits vom Risiko aus der Geschäftstätigkeit an sich und andererseits vom finanziellen Risiko eines Unternehmens beeinflusst. Das Risiko aus Geschäftstätigkeit bezieht sich auf die Art und Weise der Mittelverwendung und damit die Investitionsrisiken (Investitions- bzw. Aktivseite der Bilanz). Das finanzielle Risiko bezieht sich demgegenüber auf die Mittelherkunft und damit die Zusammensetzung der Kapitalstruktur, d.h. das Finanzierungsverhältnis zwischen Fremd- und Eigenkapital (Finanzierungs- bzw. Passivseite der Bilanz). Konkrete Massnahmen zur Senkung der Kapitalkosten sind ein kontrolliertes Eingehen von Geschäftsrisiken (Abschnitt 6.3.2.1) oder eine Optimierung der Kapitalstruktur (Abschnitt 6.3.2.2).

Risikomanagement

Optimierung der Kapitalstruktur

6.3.2.1 Kontrolle des Risikos aus Geschäftstätigkeit (Risikomanagement)

Um langfristig erfolgreich zu sein, muss es einem Unternehmen gelingen, eine strategische Erfolgsposition aufzubauen. Dabei ist es unvermeidlich, unternehmerische Risiken einzugehen, denn der Erfolg einer strategischen Absicht ist aufgrund der Unvorhersehbarkeit der Zukunft nie garantiert. Umso wichtiger ist es deshalb, die Risiken der geplanten Aktivitäten stets sorgfältig zu prüfen und die zur Strategieumsetzung erforderlichen Investitionstätigkeiten kontrolliert vorzunehmen. Dies bedeutet auch, dass im Rahmen der wertorientierten Unternehmensführung die Marktrisiken (Schwankungen auf den Absatzmärkten etc.) sowie alle anderen Risiken, die mit der Geschäftstätigkeit verbunden sind, fortlaufend überwacht werden. Wenn beispielsweise die Marke eines Unternehmens für den Erfolg entscheidend ist, wären Fehler in der Markenpolitik oder ein Imageschaden durch einen öffentlichen Skandal mit grossen negativen Folgen verbunden. Je besser es nun einem Unternehmen gelingt, die unternehmerischen Risiken zu kontrollieren, umso mehr Vertrauen geniesst das Unternehmen bei den Kapitalgebern und umso günstiger werden diese dem Unternehmen ihr Kapital zur Verfügung stellen. Besteht hingegen bei den Kapitalgebern grosse Unsicherheit über die Zukunftsentwicklung eines Unternehmens, so werden diese für das zur Verfügung gestellte Kapital eine höhere Risikoprämie verlangen, was die Kapitalkosten verteuert. Im schlimmsten Fall, wenn das Vertrauen der Kapitalgeber in ein Unternehmen gänzlich verloren ist, ist es zum Scheitern und zum Ausscheiden aus dem marktwirtschaftlichen Wettbewerb

Geschäftsrisiken

verurteilt – es sei denn, es gelingt der Geschäftsleitung beispielsweise durch Umstrukturierungen und Fokussierung auf rentable Aktivitäten das Vertrauen der Anleger, Gläubiger und Kunden zurückzugewinnen.

Gerade weil das Eingehen von Risiken zum Geschäftsalltag dazugehört, ist es für den langfristigen Fortbestand eines Unternehmens wichtig, neben der Liquiditätssicherung auch jederzeit über eine ausreichende Eigenkapitaldecke zu verfügen. Dabei gilt, dass die Eigenkapitaldecke umso grösser sein sollte, je höher die Risiken aus der Geschäftstätigkeit sind. Dies deshalb, weil zur Vermeidung einer allfälligen Überschuldung ein Unternehmen jederzeit über genügend Eigenkapital verfügen muss, um mögliche Verluste auffangen zu können.

6.3.2.2 Optimierung der Kapitalstruktur

Eine wichtige Aufgabe der finanziellen Unternehmensführung besteht darin, das notwendige Kapital möglichst kostengünstig zu beschaffen, sprich die Fremd- und Eigenkapitalkosten zu minimieren. Eine wichtige Rolle spielt in diesem Zusammenhang die Frage nach der optimalen Kapitalstruktur, sprich dem idealen Verhältnis zwischen Fremd- und Eigenkapital.

Grundsätzlich kann ein Eigenkapitalgeber mehr Entschädigung erwarten als ein Fremdkapitalgeber. Dies deshalb, weil im Konkursfall die Ansprüche der Eigenkapitalgeber erst berücksichtigt werden, nachdem alle anderen Ansprüche der Stakeholder und damit auch die Forderungen der Fremdkapitalgeber erfüllt wurden. Die Eigenkapitalgeber tragen das volle unternehmerische Risiko und wollen dafür entsprechend höher entschädigt werden.

Optimales Verhältnis zwischen Eigen- und Fremdkapital

Will nun ein Unternehmen den Kapitalkostensatz senken, lohnt es sich allenfalls, teureres Eigenkapital durch günstigeres Fremdkapital zu ersetzen. Dieser Vorgang funktioniert allerdings nur bis zu einem gewissen Verschuldungsgrad; denn je höher der Fremdkapitalanteil am Gesamtkapital wird, umso grösser wird tendenziell das finanzielle Risiko, dass ein Unternehmen bei Verlusten die Zahlungsverpflichtungen gegenüber den Fremdkapitalgebern nicht mehr einhalten kann.

Finanzielles Risiko

Dies bedeutet, dass die Fremdkapitalgeber mit steigendem Verschuldungsgrad eines Unternehmens höhere Zinsen verlangen, weil auch für sie das Verlustrisiko zunimmt. Aufgabe der finanziellen Unternehmensführung ist es nun, das optimale Verhältnis von Eigen- zu Fremdkapital zu finden, bei welchem die Kapitalkosten insgesamt minimal sind.

Erschliessung günstiger Finanzierungsquellen

Losgelöst von der Frage nach der optimalen Kapitalstruktur kann eine Verringerung der Fremdkapitalkosten in erster Linie durch das Erschliessen möglichst günstiger Finanzierungsquellen erreicht werden. Diese Beschaffung von möglichst günstigem Fremdkapital hängt von verschiedenen Faktoren wie beispielsweise der Kreditwürdigkeit (auch Bonität genannt) oder der Laufzeit eines Kredites ab. Die Senkung der Eigenkapitalkosten ist demgegenüber eng mit der Reduzierung der bereits erwähnten Geschäftsrisiken verbunden. Je weniger riskant die Geschäftstätigkeit ist, umso geringer sind die Eigenkapitalkosten und damit auch der Kapitalkostensatz.

Kapitel 7
Kundenorientierte Unternehmensführung

«Der Köder muss dem Fisch schmecken, nicht dem Angler.» Sprichwort

Kundenbedürfnisse

Kundennutzen und -zufriedenheit

Kundengewinnung und -bindung

Dreh- und Angelpunkt der kundenorientierten Unternehmensführung (auch marktorientierte Unternehmensführung genannt) sind nicht die Produkte bzw. Dienstleistungen an sich, sondern die gegenwärtigen und zukünftigen Wünsche und Bedürfnisse der Kunden. Das oberste Ziel aus kundenorientierter Sicht besteht darin, durch eine konsequente Orientierung aller unternehmerischen Aktivitäten an den Kundenbedürfnissen einen hohen Kundennutzen zu stiften und damit Kundenzufriedenheit zu erzielen, um einerseits bestehende Kunden ans Unternehmen zu binden und andererseits laufend neue Kunden dazuzugewinnen. Markt- und Kundenorientierung und der dadurch angestrebte Erfolg bei ausgewählten Zielgruppen bilden ertragsseitig über Umsatzwachstum das Fundament für eine langfristige finanzielle Unternehmenswertsteigerung. Dies gelingt einem Unternehmen dann am besten, wenn die Mitarbeitenden aller Funktionsbereiche jederzeit kundenorientiert denken und handeln, sprich bei all ihren Aktivitäten immer die Sicht der Kunden einnehmen. Sich kundenorientiert zu verhalten, bedeutet dabei nicht, über aggressive Werbe- und Verkaufsaktivitäten die Konsumenten zum Kauf zu bewegen und so kurzfristig Umsätze zu erzielen und Gewinne zu steigern. Kundenorientierung zielt vielmehr darauf ab, in den Augen der Kunden durch ein attraktives Produkt- und Dienstleistungsangebot einen wahrnehmbaren Nutzenvorteil gegenüber den Angeboten der Konkurrenz aufzubauen, die Kundenbeziehung nachhaltig zu pflegen und so die Basis für den langfristigen wirtschaftlichen Erfolg zu schaffen. Was dies konkret bedeutet und wie dies gelingen kann, wird im Folgenden im Rahmen der Darstellung der kundenorientierten Grundlogik (Abschnitt 7.1) sowie der Beschreibung der Kernaufgaben des Marketings (Abschnitt 7.2) erläutert.

Attraktives Produkt- und Dienstleistungsangebot

7.1 Kerngedanke – Die kundenorientierte Grundlogik

Das Prinzip der Kundenorientierung lebt von der Erkenntnis und Überzeugung, dass zufriedene Kunden auf Dauer die profitabelsten sind. Nur Unternehmen, die für ihre Kunden dauerhaft einen Nutzen stiften, setzen einen Wertsteigerungsmechanismus in Gang und erhöhen damit langfristig ihren finanziellen Unternehmenswert. Es sind allein die Kunden, die durch ihre Käufe Erträge generieren und damit über Umsatzwachstum finanziellen Wert für das Unternehmen schaffen – alle Stufen davor verursachen zunächst einmal lediglich Kosten. Im Rahmen der kundenorientierten Unternehmensführung geht es deshalb darum, das Produkt- und Dienstleistungsangebot so auszugestalten, dass es einen möglichst hohen Kundennutzen stiftet. Dies wird dann der Fall sein, wenn die spezifischen Vorstellungen, Wünsche und Bedürfnisse der Kunden befriedigt werden und die angebotenen Produkte und Dienstleistungen aus Sicht der Kunden ein besseres Preis-Leistungs-Verhältnis als das der Konkurrenz aufweisen. Was also die Differenzierung als zentraler Ansatzpunkt beim Aufbau von Eintrittsbarrieren im strategischen Management ist, konkretisiert sich aus kundenorientierter Sicht in der Entwicklung eines einzigartigen Produkt- und Dienstleistungsangebotes, das sowohl für die Kunden als auch für das Unternehmen einen Mehrwert bietet. Dieser Mehrwert kann sowohl in einem objektiv tatsächlich vorhandenen Vorteil (z.B. bessere Produktqualität) als auch in einer bloss subjektiv empfundenen Überlegenheit (z.B. Marken- oder Imagevorteil) liegen.

Dauerhafte Nutzenstiftung

Bei der konkreten Festlegung des spezifischen Produkt- und Dienstleistungsangebotes ist zu beachten, dass sich die Vorstellungen, Wünsche und Bedürfnisse der einzelnen Kunden stark voneinander unterscheiden. Für ein einzelnes Unternehmen wird es deshalb kaum möglich sein, mit ein und demselben Angebot für alle potenziellen Kunden der beste Anbieter zu sein. Wer es dennoch versucht und es allen Kunden um jeden Preis recht machen will, wird es womöglich am Ende niemandem recht machen. Ein Produkt- und Dienstleistungsangebot, das die vielfältigen Bedürfnisse sämtlicher potenzieller Kunden zu erfüllen versucht, unterliegt bloss der Gefahr, dass es letztlich niemandem mehr wirklich dient, sprich keinen echten Kundennutzen mehr stiftet. Darum ist es besser, einer ganz bestimmten Kundschaft viel als allen ein bisschen zu bieten. Die Aufgabe der kundenorientierten Unternehmensführung besteht entsprechend darin, sich bei der Entwicklung des eigenen Produkt- und Dienstleistungsangebotes auf eine ausgewählte Zielgruppe mit möglichst homogenen, sprich gleichartigen Bedürfnissen zu fokussieren und alle Marketing-Massnahmen gezielt auf diese Zielgruppe auszurichten. Sinnvoll ist dabei die Konzentration auf diejenigen Kunden, denen ein Unternehmen aufgrund der eigenen Stärken den grössten Kundennutzen bieten kann; denn je höher der individuelle Nutzen eines Produkt- und Dienstleistungsangebotes für eine spezifische Zielgruppe ist, umso höher ist auch deren Zahlungsbereitschaft und damit die Chance für ein Unternehmen, hohe Erträge und damit eine attraktive Rendite zu erzielen.

Fokussierung auf eine ausgewählte Zielgruppe

Die Konzentration der Kräfte durch Fokussierung auf eine ausgewählte Zielgruppe ist eine anspruchsvolle unternehmerische Herausforderung. Die Ausrichtung sämtlicher unternehmerischen Aktivitäten auf ausgewählte Kunden mit möglichst homogenen Bedürfnissen setzt ein schrittweises und systematisches Vorgehen voraus. Bei diesem Vorgehen ist zunächst der Gesamtmarkt in einzelne Teilmärkte aufzuteilen, sprich zu segmentieren. Anschliessend gilt es, sich im Rahmen der Zielmarktfestlegung auf jenes Marktsegment zu konzentrieren, welches man aufgrund der eigenen unternehmerischen Stärken am besten bearbeiten kann und das gleichzeitig eine hohe Marktattraktivität aufweist. Für dieses ausgewählte Marktsegment ist in einem nächsten Schritt eine im Konkurrenzvergleich einzigartige Positionierung zu suchen und festzulegen, sprich den Stellenwert zu bestimmen, welchen das Produkt- und Dienstleistungsangebot in den Köpfen der Kunden haben soll. Ausgerichtet auf diese möglichst prägnante Positionierung innerhalb eines Marktsegmentes können dann die einzelnen Marketing-Instrumente zielgruppenorientiert ausgestaltet werden (▶ Abb. 7-1).

Marktsegmentierung

Zielmarktfestlegung

Positionierung

Marketing-Mix

Wie ▶ Abb. 7-1 zeigt, bilden die Marktsegmentierung, die Festlegung der Zielmärkte sowie sorgfältige Überlegungen zur Positionierung des eigenen Produkt- und Dienstleistungsangebotes im Vergleich zur Konkurrenz die zentrale Grundlage für eine zielgruppenorientierte Ausgestaltung eines harmonischen Marketing-Mix. Auf diese aufeinander abzustimmenden Kernaufgaben der kundenorientierten Unternehmensführung und damit des Marketings geht Abschnitt 7.2 ein.

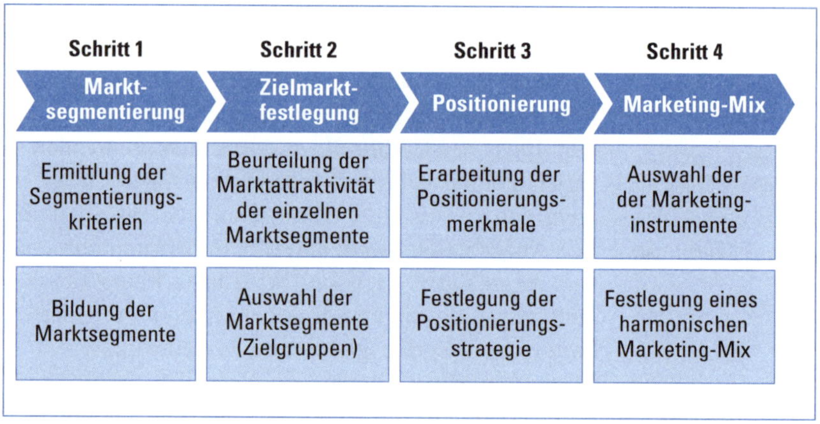

▲ Abb. 7-1 Von der Marktsegmentierung über die Zielmarktfestlegung und Positionierung zum Marketing-Mix

7.2 Kernaufgaben des Marketings

Marketing-massnahmen

Aufgabe der kundenorientierten Unternehmensführung ist es, sämtliche Marketingmassnahmen zielgruppenorientiert auszurichten und so durch einen gezielten Einsatz der verschiedenen Marketing-Instrumente die gewünschten Kunden zu gewinnen und langfristig ans Unternehmen zu binden. Voraussetzung hierfür ist in einem ersten Schritt eine Segmentierung des heterogenen Gesamtmarktes in homogene Teilmärkte und damit einhergehend das Erfassen der spezifischen Wünsche und Bedürfnisse der jeweiligen potenziellen Zielgruppe eines Marktsegmentes.

7.2.1 Marktsegmentierung

Unterteilung des Gesamtmarktes

Ausgangspunkt des Kundenauswahlprozesses ist die Unterteilung des Gesamtmarktes in einzelne Marktsegmente, in denen das Unternehmen einen einzigartigen und nachhaltig zu verteidigenden Nutzenvorteil für die entsprechende homogene Zielgruppe schaffen kann. Marktsegmentierung anhand von Kundenbedürfnissen basiert auf aufwendiger Marktforschung und ist eine wesentliche Grundlage für Kundenorientierung und Differenzierung. Zu beantworten ist im Rahmen der Marktsegmentierung die Frage, wer was, wann, warum und wo kauft und unter welchen Bedingungen ein Produkt- und Dienstleistungsangebot verwendet

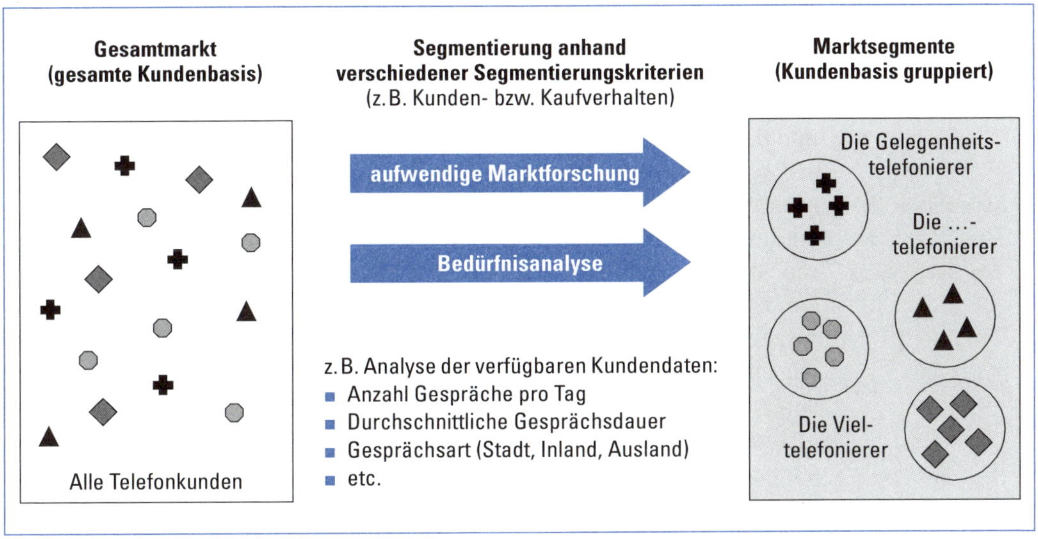

▲ Abb. 7-2 Bildung von Marktsegmenten (am Beispiel Telekommunikation)

Bildung homogener Zielgruppen

wird. Je besser ein Unternehmen seinen Kundenkreis kennt, desto gezielter kann es sein Angebot auf die Bedürfnisse und Verhaltensweisen dieser Zielgruppe ausrichten. Marktsegmente sind zu diesem Zweck so zu bilden, dass diese aus kundenorientierter Sicht möglichst gleichartige Reaktionen auf die Marketing-Instrumente aufweisen und so aus unternehmerischer Sicht eine differenzierte Marktbearbeitung für die angesprochene Zielgruppe ermöglichen. Der Prozess der Marktsegmentierung anhand verschiedener Segmentierungskriterien wie beispielsweise Alter, Einkommen, Interessen, Lebensstil, Kunden- bzw. Kaufverhalten etc. ist aus ◀ Abb. 7-2 ersichtlich.

Der Prozess der Marktsegmentierung sollte jeweils so weit gehen, bis sich die Kundenbedürfnisse in den einzelnen Marktsegmenten deutlich voneinander abgrenzen lassen. Dies erfolgt mit dem Ziel, dass anschliessend die einzelnen Kundengruppen mit einem zielgruppenorientierten Marketing-Mix bedürfnisgerecht angesprochen werden können.

7.2.2 Zielmarktfestlegung

Auswahl der Zielgruppe bzw. des Marktsegmentes

Ist ein grosser, heterogener Gesamtmarkt einmal in einzelne Teilmärkte und damit Käufergruppen mit weitgehend identischen Kundenbedürfnissen segmentiert, stellt sich die Frage, welche der identifizierten Marktsegmente ein Unternehmen bearbeiten will. Ein Unternehmen sollte sich auf dasjenige Marktsegment bzw. diejenigen Marktsegmente konzentrieren, die es aufgrund seiner spezifischen Stärken am besten bedienen kann. In diesen Marktsegmenten gelingt es einem Unternehmen idealerweise besser als der Konkurrenz, die Bedürfnisse und Interessenlagen der entsprechenden Zielgruppe(n) zu befriedigen und gezielt Innovationen zu entwickeln.

Spezifische Kundenbedürfnisse erfassen

Sind die Zielmärkte bestimmt, gilt es, durch weiter vertiefende Marktstudien noch differenzierter herauszufinden, welche spezifischen Bedürfnisse und Erwartungen die anvisierte Kundengruppe hinsichtlich Preis, Qualität, Funktionalität, Image, Zeit und Service hat. Das Erfassen dieser spezifischen Kundenbedürfnisse und damit auch der Schlüsselkriterien des Kaufs ermöglicht es einem Unternehmen, das eigene Produkt- und Dienstleistungsangebot möglichst wirkungsvoll auf die Präferenzen der relevanten Zielgruppe auszurichten und damit einen hohen Kundennutzen zu stiften.

7.2.3 Positionierung

Überzeugende Produkte und Dienstleistungen, die Auswahl lukrativer Marktsegmente und die Kenntnis der Schlüsselkriterien des Kaufs der anvisierten Zielgruppe sind für sich alleine noch keine Garanten für den Markterfolg. Der langfristige Markterfolg als Basis für den finanziellen Erfolg rückt erst dann in greifbare Nähe, wenn es einem Unternehmen gelingt, das eigene Produkt- und Dienstleistungsangebot auf wirksame Art und Weise unverkennbar im Markt zu positionieren. Unter Positionierung versteht man im Marketing das gezielte Schaffen und Betonen der Stärken und Besonderheiten, durch die sich das eigene Produkt- und Dienstleistungsangebot in der Wahrnehmung und im Bewusstsein der anvisierten Zielgruppe klar und positiv von den Angeboten der Konkurrenz im selben Marktsegment unterscheidet. Die Zielsetzung der Positionierung liegt mit anderen Worten in der Schaffung eines durch die Konkurrenz schwer nachahmbaren Alleinstellungsmerkmals, sprich einer Unique Selling Proposition (USP). Eine USP liegt vor, wenn in der sub-

Betonen der eigenen Stärken und Besonderheiten

Unique Selling Proposition (USP)

jektiven Wahrnehmung der Zielgruppe das eigene Angebot über einen einzigartigen Nutzenvorteil im Vergleich zu den Konkurrenzangeboten verfügt. Diese USP gilt es aus kundenorientierter Sicht so zu kommunizieren, dass die angestrebte Zielgruppe auf das eigene Produkt- und Dienstleistungsangebot aufmerksam wird, sie zu Käufern und letztlich zu einer treuen Kundengruppe macht.

Positionierungskreuz

Eine Möglichkeit zur grafischen Darstellung der Positionierung des eigenen Unternehmens im Zielmarkt ist das Positionierungskreuz. Mit dem Positionierungskreuz wird aufgezeigt, hinsichtlich welcher rationalen und emotionalen Ausprägungen wie Preis, Qualität, Image etc. sich das eigene Produkt- und Dienstleistungsangebot von den Angeboten der Konkurrenz unterscheidet. Die zwei wichtigsten, kaufentscheidenden Differenzierungsmerkmale bilden dabei, wie ▶ Abb. 7-3 beispielhaft zeigt, die beiden Dimensionen bzw. Achsen des Positionierungskreuzes. In dieses Kreuz werden das eigene Produkt- und Dienstleistungsangebot sowie die Angebote der Konkurrenz eingeordnet. Dabei entspricht im Idealfall die eigene Positionierung einem relevanten Kundenbedürfnis bzw. den entscheidenden Kaufmotiven und ist gleichzeitig möglichst weit weg von den Konkurrenzangeboten.

Klare Positionierung

Die unverwechselbare Positionierung des eigenen Produkt- und Dienstleistungsangebotes im Vergleich zur Konkurrenz ist eine Schlüsselaufgabe des Marketings. Erst eine klare Positionierung ermöglicht es einem Unternehmen, sich im angestrebten Marktsegment langfristig zu

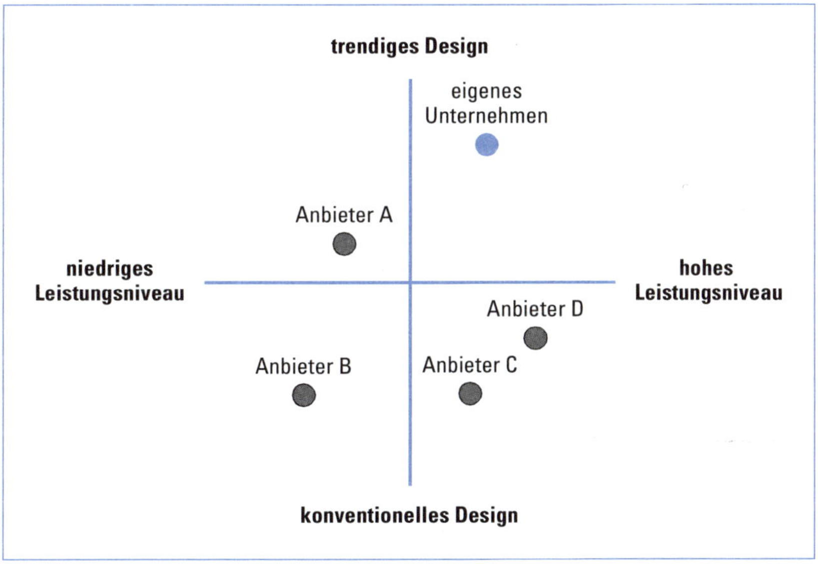

▲ Abb. 7-3 Beispiel für die grafische Darstellung der Positionierung: Positionierungskreuz

behaupten und sich von der Konkurrenz durch ein eigenes und unverwechselbares Profil zu differenzieren. Solche durch klar erkennbare Alleinstellungsmerkmale prägnant positionierte Produkt- und Dienstleistungsangebote geben dem Kunden Orientierung und Hilfestellung beim Kaufentscheid. Dies setzt jedoch voraus, dass die gewählte Positionierung auch kommuniziert und durch den Einsatz der verschiedenen Marketing-Instrumente in sich schlüssig sowie aus Kundensicht glaubwürdig umgesetzt wird.

7.2.4 Marketing-Instrumente und Marketing-Mix

Ein auf Kontinuität und langfristigen Unternehmenserfolg angelegtes Marketing setzt – ausgerichtet auf die angestrebte Positionierung im gewählten Marktsegment – sämtliche Marketing-Instrumente konzentriert ein, um das eigene Produkt- und Dienstleistungsangebot möglichst wiederkehrend an die Kunden der definierten Zielgruppe zu verkaufen. Hierzu können differenzierte Produkte und Dienstleistungen ebenso eingesetzt werden wie besondere Absatzkanäle, unterschiedliche Preise oder auch spezielle Kommunikationsmittel. Wichtig ist dabei, dass die verschiedenen Marketing-Instrumente sorgfältig aufeinander abgestimmt und so eingesetzt werden, dass die Zielkunden den Unterschied zu den Produkten und Dienstleistungen der Konkurrenzanbieter eindeutig erkennen.

Marketing-Instrumente

Die am weitesten verbreiteten Marketing-Instrumente zur Kundengewinnung und -bindung sind die Produkt- und Service-, die Preis- und Konditionen-, die Distributions- und die Kommunikationspolitik (▶ Abb. 7-4). Diese vier klassischen Instrumente der kundenorientierten Unternehmensführung werden auch als die «vier P» (product, price, place, promotion) bezeichnet.

Vier P

So wie beim Kuchenbacken die einzelnen Zutaten zu einer passenden Mischung verarbeitet werden müssen, so sind im Rahmen der kundenorientierten Unternehmensführung die Marketing-Instrumente segmentspezifisch einzusetzen und zu einem attraktiven Marketing-Mix zu kombinieren. Oder anders ausgedrückt: Der Marketing-Mix ist quasi der Werkzeugkasten des Marketings, mit welchem die angestrebte Positionierung in der konkreten Umsetzung durch einen harmonischen Einsatz der einzelnen Marketing-Instrumente erreicht werden soll. Die folgenden Abschnitte 7.2.4.1 bis 7.2.4.4 erläutern die einzelnen Instrumente des Marketing-Mix.

Marketing-Mix

Marketing-Instrumente (die vier P)			
Produkt- und Servicepolitik (product)	**Preis- und Konditionenpolitik (price)**	**Distributionspolitik (place)**	**Kommunikationspolitik (promotion)**
Was wird dem Kunden angeboten, und welche Leistungen kann er erwarten?	Zu welchem Preis und zu welchen Konditionen wird dem Kunden das Angebot unterbreitet?	Wo und mit welchem Lieferservice werden dem Kunden die Leistungen angeboten?	Wie werden Kunden auf das Angebot aufmerksam, und wie wird der Kontakt zu den Kunden gepflegt?
▪ Produktnutzen und -qualität ▪ Produktdesign ▪ Markenname ▪ Verpackung ▪ Service- und Zusatzleistungen	▪ Preisgestaltung ▪ Rabatte und Skonti ▪ Zahlungsmodalitäten	▪ Vertriebs- bzw. Absatzkanäle ▪ Logistik ▪ Versand ▪ Transport	▪ Werbung ▪ Verkaufsförderung ▪ Öffentlichkeitsarbeit (Public Relations) ▪ Persönlicher Verkauf

▲ Abb. 7-4 Marketing-Instrumente im Überblick

7.2.4.1 Produkt- und Servicepolitik

Bei der Auseinandersetzung mit produkt- und servicebezogenen Aspekten des zu entwickelnden Marketing-Mix geht es um die Klärung der Frage, wie das Produkt- und Dienstleistungsangebot hinsichtlich Qualität, Form, Farbe, Verpackung, Design etc. ausgestaltet werden soll, damit es den Wünschen, Bedürfnissen und Produktanforderungen der angesprochenen Zielgruppe möglichst gut gerecht wird. Als Hilfestellung zur Klärung dieser Frage dient die Unterteilung des Nutzens aus dem Produkt- und Dienstleistungsangebot in die beiden Kategorien Grund- und Zusatznutzen. Der Grundnutzen knüpft an den eigentlichen Funktionen an, die das Produkt- und Dienstleistungsangebot erfüllen soll. Dieser Grundnutzen entspricht dabei jedoch nicht der technischen Produktbeschreibung aus Sicht des Ingenieurs, sondern dem, was die Zielgruppe im Endeffekt kauft. Beispielhaft ausgedrückt bedeutet dies, dass man eine Digitalkamera nicht wegen ihrer technischen Zusammensetzung kauft, sondern weil man Freude am Fotografieren hat. Der Zusatznutzen umfasst sämtliche weiteren Nutzenpotenziale, die über den Grundnutzen hinausgehen. Dazu zählen beispielsweise Styling bzw. Design des Produktes, Markenname und Verpackung. Dies sind alles Faktoren, die über den Grundnutzen hinaus einen zusätzlichen Mehrwert erzeugen sollen. Ebenso zum Zusatznutzen zählen die produktbezogenen Serviceleistungen, die ein Unternehmen nach dem Verkauf erbringt, um das Produkt- und Dienstleistungsangebot für die Kundengruppe möglichst attraktiv zu gestalten und diese langfristig ans Unternehmen zu binden. Innerhalb eines Marktsegmentes sind es oft die psychologischen Faktoren des

Grundnutzen

Zusatznutzen

Zusatznutzens eines Produkt- und Dienstleistungsangebotes, die es einem Unternehmen ermöglichen, sich von der Konkurrenz zu differenzieren und höhere Preise zu verlangen. Besondere Bedeutung kommt dabei im Hinblick auf die Positionierung eines Produktes bzw. einer Dienstleistung auch dem Aufbau einer Marke zu. Eine Marke schafft Vertrauen, kann einen besonderen Lebensstil betonen und soll den Kunden einen einmaligen Nutzen bieten. Prägnant zum Ausdruck bringt dies beispielsweise die Botschaft von Harley-Davidson: «Wir haben aufgehört, Motorräder zu verkaufen. Wir verkaufen jetzt eine Lebensphilosophie – und das Motorrad gibt's gratis dazu.»

Aufbau einer Marke

7.2.4.2 Preis- und Konditionenpolitik

In der Auseinandersetzung mit preislichen Aspekten des zu entwickelnden Marketing-Mix geht es um die Festlegung einer marktgerechten Preis- und Konditionenpolitik. Dabei stellen sich bei der Ausgestaltung der Preis- und Konditionenpolitik unter anderem folgende Fragen: Auf welchem Preisniveau soll verkauft werden? Welche Zahlungsbedingungen werden gewährt und wie setzen sich Rabatte und Skonti zusammen? Wie soll auf Veränderungen von Konkurrenzpreisen reagiert werden? Wie werden Ersatzteile und Serviceleistungen verrechnet?

Preisdifferenzierung

Von grosser Bedeutung im Rahmen der Preispolitik ist die Preisdifferenzierung. Hierbei wird versucht, die bei den verschiedenen Marktsegmenten bestehenden Unterschiede in der Zahlungsbereitschaft der verschiedenen Zielgruppen auszunutzen. So lassen sich beispielsweise die höheren Preise für First- und Business-Class-Flüge gegenüber der Economy-Class dadurch begründen, dass den zahlungskräftigeren Passagieren der First- und Business-Class weitergehende Zusatzleistungen (mehr Platz, Menuauswahl, Lounge am Flughafen etc.) angeboten werden. Eine weitere Möglichkeit der Preisdifferenzierung besteht in der zeitlichen Differenzierung. So bieten beispielsweise zahlreiche Telefonie-Anbieter das Telefonieren zu unterschiedlichen Tageszeiten zu verschiedenen Preisen an.

Preisbildung

Gesetz von Angebot und Nachfrage

Der Entscheid, welchen Preis ein Unternehmen für ein Produkt bzw. eine Dienstleistung verlangen kann, hängt von einer Vielzahl von Faktoren ab. Die Preisfestlegung wird nicht nur von den eigenen Vorstellungen und Zielsetzungen sowie der eigenen Kostenstruktur, sondern auch stark vom Wettbewerbsumfeld, der Anzahl Konkurrenten und der Preissensibilität der Zielgruppe bestimmt (zur Preissensibilität siehe Anhang A: Ausgewählte volkswirtschaftliche Grundlagen). Um einen Preis ansetzen zu können, muss sich deshalb ein Unternehmen über die Nachfrage- und interne Kostenstruktur hinaus auch über das Wettbewerbsumfeld informieren. Gerade die Triebkräfte des Branchenwettbewerbs (◄ Abb. 5-2 auf Seite 98) schränken dabei den Preisfestlegungsspielraum oft stark ein. Umso reizvoller ist es deshalb aus marketingtheoretischer Sicht, wenigstens psychologische Aspekte bei der Preisfestlegung zu nutzen und beispielsweise Preise knapp unter einer runden Zahl anzusetzen (z.B. 1.90, 19.95 oder 98.00 Franken) oder Sonderangebote (3 für 2) zu entwickeln. Dies sind mögliche preispsychologische Massnahmen, auf die Konsumentinnen und Konsumenten regelmässig ansprechen.

7.2.4.3 Distributionspolitik

Absatzkanäle

Im Zusammenhang mit distributionsbezogenen Aspekten des zu entwickelnden Marketing-Mix ist zu klären, wie der Vertrieb der Produkte und Dienstleistungen an die Kunden organisiert werden soll. Die Wahl der segmentspezifisch geeigneten Absatzkanäle (z.B. Fachgeschäfte, Warenhäuser, Discounter, Direktverkauf ab Fabrik, eigene Filialen, Aussendienst, Versandhandel, Internet) soll sicherstellen, dass die Kunden das Produkt- und Dienstleistungsangebot am richtigen Ort, zur richtigen Zeit, in der richtigen Menge und Qualität und zum richtigen Preis erhalten. Bei der Ausgestaltung der Distributionspolitik stellen sich deshalb unter anderem folgende Fragen: Über welche Absatzkanäle sollen die Produkte die Kunden erreichen? Welche Leistungen werden von den möglichen Absatzmittlern (z.B. Zwischenhändler) erwartet? Welche Lieferbereitschaft wird angestrebt, und wie wird sie erreicht? Soll mit Spediteuren oder mit eigenen Transport- und Logistikmitteln gearbeitet werden?

7.2.4.4 Kommunikationspolitik

Das beste Produkt- bzw. Dienstleistungsangebot hat keine Verkaufschance, wenn es von der gewünschten Zielgruppe nicht wahrgenommen wird. Die Kunst der Kommunikationspolitik als viertes und letztes Element des Marketing-Mix besteht deshalb darin, trotz aller Informationsüberflutung das eigene Produkt bzw. die eigene Dienstleistung bei der gewünschten Zielkundschaft bekannt zu machen. Die Kommunikationspolitik umfasst die Instrumente Werbung, Verkaufsförderung, Public Relations und den persönlichen Verkauf (▶ Abb. 7-5).

Instrumente der Kommunikationspolitik			
Werbung	**Verkaufsförderung**	**Public Relations**	**Persönlicher Verkauf**
Werbung in Radio und Fernsehen, Zeitungen, Zeitschriften, auf Websites sowie Prospekte und Mailings	Anreize wie Wettbewerbe, Geschenkgutscheine, Kunden- und Treuekarten	Öffentlichkeitsarbeit durch Presseartikel, -konferenzen und Geschäftsberichte	Persönliches Verkaufsgespräch mit potenziellen Kunden, Umgang mit Reklamationen etc.

▲ Abb. 7-5 Instrumente der Kommunikationspolitik

Das Hauptinstrument der Kommunikation ist die Werbung. Ziel der Werbung ist es, bei der Zielgruppe die Differenzierung des eigenen Produkt- und Dienstleistungsangebotes zu den Konkurrenzangeboten deutlich zu machen, eine positive Wirkung zu erzielen und den Kaufakt auszulösen. Erfolgreiche Werbung beginnt mit einem überzeugenden Werbekonzept. Dieses setzt den allgemeinen Rahmen, nach dem sich alle Gestaltungsmassnahmen einer Werbekampagne zu richten haben. Das Werbekonzept gibt Antworten auf folgende Fragen:

Werbung

Werbekonzept

Ziele der Werbung

1. Was sind die Ziele der Werbung?
   Werbung ist nur dann wirksam, wenn die richtigen Personen angesprochen werden. Gut formulierte Werbeziele legen deshalb die Zielgruppe fest, auf die sich die Werbung für ein Produkt bzw. eine Dienstleistung beziehen soll. Zielsetzungen der Werbung sind unter anderem die Förderung der Bekanntheit eines Produktes bzw. einer Dienstleistung, die Information über das eigene Angebot und die Förderung der Kaufbereitschaft.

Werbebotschaft

2. Welche Botschaft soll vermittelt werden?
   Die Werbebotschaft (ausgedrückt durch Text, Stil, Bild, Bewegung und Ton) enthält die Kernaussage, die der Zielgruppe übermittelt werden soll. Der Inhalt der Botschaft variiert dabei je nach Werbeziel. Soll die Werbebotschaft beispielsweise in erster Linie Aufmerksamkeit erzeugen, muss sie den einzigartigen Verkaufsvorteil herausstreichen und faszinieren. Soll sie zudem glaubhaft und verkaufsfördernd sein, bedarf es nebst emotionalen Aspekten auch rationaler Argumente.

Werbeträger

3. Welche Medien bzw. welche Werbeträger sollen genutzt werden?
   Steht die Werbebotschaft fest, muss sie in geeigneter Form an die Empfänger gebracht werden. Dazu dienen Werbemedien wie Zeitungen, Zeitschriften, Plakate, Fernsehen, Websites, E-Mail.

Werbeintensität

4. Wann und wo soll die Werbung geschaltet werden?
   Über die Bestimmung der Werbemedien hinaus ist festzulegen, wo, wann und über welche Zeitperiode die Werbung erscheinen soll.

Werbebudget

5. Wie viel Geld darf bzw. soll ausgegeben werden?
   Die Höhe des zur Verfügung stehenden Werbebudgets ist ein entscheidender Faktor zur Erreichung der Werbeziele. Damit Werbung wirkt, bedarf sie einer gewissen kritischen Masse. Zudem ist das zur Verfügung stehende Werbebudget sinnvoll über die Zeit zu verteilen, um eine regelmässige Werbepräsenz sicherzustellen.

Werbeerfolg

6. Wie sollen die Ergebnisse beurteilt werden?
   Die Erfolgskontrolle soll festhalten, inwieweit die angestrebten Werbeziele mit den eingesetzten Mitteln tatsächlich erreicht wurden. Eine

Werbemassnahme wird dann als erfolgreich bezeichnet, wenn als Folge davon beispielsweise der Umsatz, der Gewinn oder der Marktanteil gesteigert werden konnte. Dabei ist jedoch zu beachten, dass die beobachteten Resultate nur selten aufgrund von Werbung allein erreicht wurden. Sie sind vielmehr typischerweise die Folge des Einsatzes aller Kommunikationsinstrumente des Marketing-Mix.

Verkaufsförderung

Um den Kaufakt zu unterstützen, wird ergänzend zu den langfristig angelegten Werbekampagnen das Instrument der Verkaufsförderung eingesetzt. Zur Verkaufsförderung zählen kurzfristig eingesetzte Massnahmen wie Wettbewerbe, Messeauftritte, Vorführungen am Verkaufspunkt (Point of Sale), Geschenkartikel für Verkäufer, Warenmuster und Giveaways, Promotionen, Gutscheine, Sonderangebote oder Treueaktionen und vieles mehr.

Public Relations

Ebenfalls zur Kommunikationspolitik zählt die Öffentlichkeitsarbeit (Public Relations, PR). Durch PR-Massnahmen wie beispielsweise Presseartikel und -konferenzen, Geschäftsberichte etc. soll in der Öffentlichkeit gezielt ein positives Image des Unternehmens als Ganzes aufgebaut und vermittelt werden.

Persönlicher Verkauf

Auch der persönliche Verkauf ist Teil der Kommunikationspolitik. Dem persönlichen Verkauf und damit der Art und Weise, wie die Mitarbeitenden im täglichen Kontakt mit den Kunden eine langfristige Beziehung aufbauen und beispielsweise auf Reklamationen eingehen, kommt eine zentrale Bedeutung zu. Der Erfolg auf den Absatzmärkten hängt entscheidend davon ab, wie gut der Gedanke der Kundenorientierung bei allen Mitarbeitenden verankert ist und bei den Kundenkontakten gelebt wird.

Kapitel 8
Prozessorientierte Unternehmensführung

«Perfektion ist nicht etwa dann erreicht,
wenn nichts mehr hinzugefügt werden kann,
sondern wenn man nichts mehr wegnehmen kann.» Antoine de Saint-Exupéry

Während das unternehmerische Prinzip der Markt- und Kundenorientierung schwergewichtig eine Aussensicht einnimmt, betont die Prozessorientierung stärker die Innensicht der Unternehmensführung. Die prozessorientierte Unternehmensführung betrifft die eigentliche betriebliche Wertschöpfung und damit die konkreten Prozesse, durch die ein Unternehmen auf den Beschaffungsmärkten bei den Lieferanten Rohstoffe und weitere Ressourcen (Arbeit, Kapital etc.) beschafft, sie mit verschiedenen Herstellverfahren zu Produkten und Dienstleistungen wertsteigernd verarbeitet und dann auf den Absatzmärkten an die Kunden vertreibt. Im Vordergrund der prozessorientierten Unternehmensführung steht damit die optimale Gestaltung des betrieblichen Wertschöpfungsprozesses, also die Ablauforganisation (und nicht die Gliederung eines Unternehmens nach Funktionen, sprich die Aufbauorganisation, wie sie in Kapitel 4 erläutert wurde). Effiziente Produktions- und Prozessabläufe und die dabei angestrebte operative Exzellenz im betrieblichen Wertschöpfungs-

Ablauforganisation

Inner- und zwischenbetriebliche Prozesse

prozess bilden auf der Kostenseite die Basis für eine langfristige finanzielle Unternehmenswertsteigerung. Je besser ein Unternehmen seine inner- und zwischenbetrieblichen Prozesse der Beschaffung, Logistik und Produktion organisiert und beherrscht, umso günstiger wird es seine Produkte und Dienstleistungen herstellen und damit auch eine attraktive Gewinnmarge erzielen können. So werden beispielsweise in der Automobilindustrie die Produkteigenschaften von Zulieferteilen sowie die Anlieferungsprozesse und Herstellungsverfahren in enger Abstimmung mit den jeweiligen Zulieferanten entwickelt und damit der gesamte Wertschöpfungsprozess unternehmensübergreifend koordiniert. Welche Kerngedanken der prozessorientierten Unternehmensführung zugrunde liegen und wie die Arbeitsabläufe in einem Unternehmen möglichst schlank und gleichzeitig kundenorientiert gestaltet werden, beleuchten die Ausführungen in diesem Kapitel.

8.1 Kerngedanke – Die prozessorientierte Grundlogik

Betriebliche Wertschöpfung

Die eigentliche betriebliche Wertschöpfung erfolgt durch eine effiziente Ausgestaltung der Geschäftsprozesse. Ein Prozess – etwa der gesamte Ablauf vom Auftragseingang bis zur Auslieferung eines fertigen Produkts – zeichnet sich durch einen definierten Prozessbeginn und ein definiertes Prozessende aus. Die Summe der einzelnen Aktivitäten bzw. Arbeitsschritte dazwischen, die funktionsbereichsübergreifend in einer zeitlich-logischen Abfolge durchzuführen sind, wandeln in einem Transformationsvorgang einen materiellen oder immateriellen Input in einen entsprechenden Output um. Die Transformation verfolgt dabei das Ziel, den Wert des Inputs für den Prozesskunden von Bearbeitungsschritt zu Bearbeitungsschritt laufend zu steigern und eine möglichst hohe Wertschöpfung zu erzielen. Mit anderen Worten: Man steckt einen gewissen Aufwand in eine Tätigkeit hinein und erwartet, dass dabei mehr herauskommt. Effiziente Prozessabläufe beschränken sich deshalb pro Wertschöpfungsstufe idealerweise auf diejenigen Aktivitäten, die dem Kunden einen Nutzen stiften und von diesem beim Kauf auch entsprechend honoriert werden. Einen Überblick über die Elemente eines Geschäftsprozesses zeigt ▶ Abb. 8-1.

Effiziente Prozessabläufe

Staffellauf

Bezugnehmend auf ▶ Abb. 8-1 kann man sich gut organisierte Prozessabläufe in einem Unternehmen wie einen Staffellauf vorstellen. Jeder Läufer hat die Aufgabe, den Stab dem nächsten Kollegen optimal in die Hand zu geben. Der Folgeläufer wiederum ist darauf ausgerichtet, sich

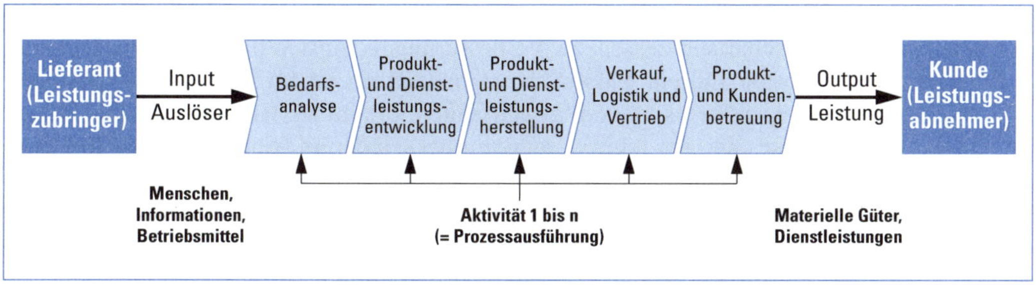

▲ Abb. 8-1 Elemente eines Geschäftsprozesses

optimal auf das Tempo des Vorläufers einzustellen, den Stab reibungslos zu übernehmen und seine Teilstrecke möglichst rasch und fehlerfrei zu bewältigen. Das gleiche Prinzip gilt auch bei der Gestaltung betrieblicher Prozessabläufe. Wertschöpfungsoptimierung bedeutet, die betriebliche Leistungserstellung als Prozessfolge zu verstehen und das funktionsbereichsübergreifende Zusammenspiel zwischen den einzelnen Arbeitsschritten der Leistungserstellung gut aufeinander abzustimmen. Ziel der prozessorientierten Unternehmensführung ist es dabei, den betrieblichen Wertschöpfungsprozess als Ganzes möglichst effizient und damit auch kostengünstig abzuwickeln. Zu diesem Zweck gilt es, die Arbeitsabläufe kapital- und aufwandsparend zu gestalten und bei der täglichen Abwicklung der Kundenaufträge in allen Phasen des Wertschöpfungsprozesses operative Exzellenz anzustreben. Denn ohne operative Exzellenz wird die Leistungserstellung eines Produktes oder einer Dienstleistung zu teuer, um sie zu einem attraktiven Preis-Leistungs-Verhältnis auf dem Absatzmarkt anbieten und als Unternehmen konkurrenz- bzw. wettbewerbsfähig zu sein.

Operative Exzellenz

8.2 Kernaufgaben des Prozessmanagements

Die Konkurrenzfähigkeit eines Unternehmens hängt neben der in Kapitel 7 bereits erwähnten einzigartigen Positionierung des Produkt- und Dienstleistungsangebotes auf den Absatzmärkten ebenso von der raschen, qualitativ hochstehenden und kostengünstigen Abwicklung des betrieblichen Wertschöpfungsprozesses ab. Erst schlanke, optimal funktionierende und kundenrelevante Arbeitsabläufe ermöglichen es einem Unternehmen, Produkte und Dienstleistungen zu einem attraktiven Preis-Leistungs-Verhältnis anzubieten und gleichzeitig hohe Gewinnmargen zu erzielen. Prozessorientierte Unternehmensführung umfasst deshalb sämt-

Schlanke Arbeitsabläufe

Massnahmen zur Effizienz- und Produktivitätssteigerung

liche Effizienz- und Produktivitätssteigerungsmassnahmen, die bei den Geschäftsprozessen zu Verbesserungen hinsichtlich Qualität, Zeit und Kosten führen. Entsprechend bedeutsam ist im Rahmen des Prozessmanagements, dass alle Aktivitäten, die im Verlauf eines Geschäftsprozesses durchgeführt werden, immer wieder im Hinblick auf die Realisierung möglicher Rationalisierungspotenziale bzw. Produktivitätsgewinne durchleuchtet werden. Es gilt, die wichtigsten unternehmerischen Prozesse zu dokumentieren, zu analysieren, aktiv zu steuern und laufend zu verbessern. Hierzu kommen bei der Einführung und Durchführung des Prozessmanagements vielfältige Instrumente und Methoden wie beispielsweise die verschiedenen Techniken der Prozessmodellierung und -dokumentation (Abschnitt 8.2.1) oder die Prozess- bzw. Wertschöpfungsanalyse (Abschnitt 8.2.2) zum Einsatz. Diese Hilfsmittel zur Dokumentation und Analyse dienen als Grundlage, um darauf aufbauend die Prozesssteuerung und -optimierung zu beherrschen (Abschnitt 8.2.3).

8.2.1 Prozessmodellierung und -dokumentation

Prozessabläufe dokumentieren

Zur optimalen Gestaltung der betrieblichen Wertschöpfungsprozesse ist es für ein Unternehmen sinnvoll, die wesentlichsten Prozessabläufe zu dokumentieren und für alle Mitarbeitenden leicht verständlich darzustellen. Betriebliche Prozessabläufe als strukturierte Reihenfolge von funktionsübergreifenden Aktivitäten können in unterschiedlicher Darstellungsweise und in unterschiedlichem Detaillierungsgrad grafisch abgebildet werden. Eine einfache Form zur Erhebung der Ist-Prozesse eines Unternehmens ist die Darstellung von Geschäftsprozessen mit Hilfe von Flussdiagrammen. Flussdiagramme bilden den Prozessfluss, d.h. die schrittweise zu erbringenden Leistungen und die am Prozess beteiligten Funktionsbereiche transparent ab. Ein Beispiel eines einfachen Flussdiagramms für den Prozess «Ausführung eines Reparaturauftrags» eines Garagenbetriebs ist in ▶ Abb. 8-2 dargestellt.

Flussdiagramme

Die Modellierung und Darstellung von Prozessen, wie sie in ▶ Abb. 8-2 beispielhaft aufgeführt ist, fördert bei allen Mitarbeitenden das Prozessdenken. Ähnlich wie die exemplarische Darstellung der Ausführung eines Reparaturauftrags könnte man sich auch fragen, was es beispielsweise in einer Schreinerei braucht, um eine Bestellung anzunehmen und zu bearbeiten, welche Schritte eine Bank vollziehen muss, wenn sie Zahlungen abwickelt oder Kreditentscheidungen trifft, oder wie ein Automobilhersteller ein Fahrzeug konstruiert, das aus Hunderten von Bau-

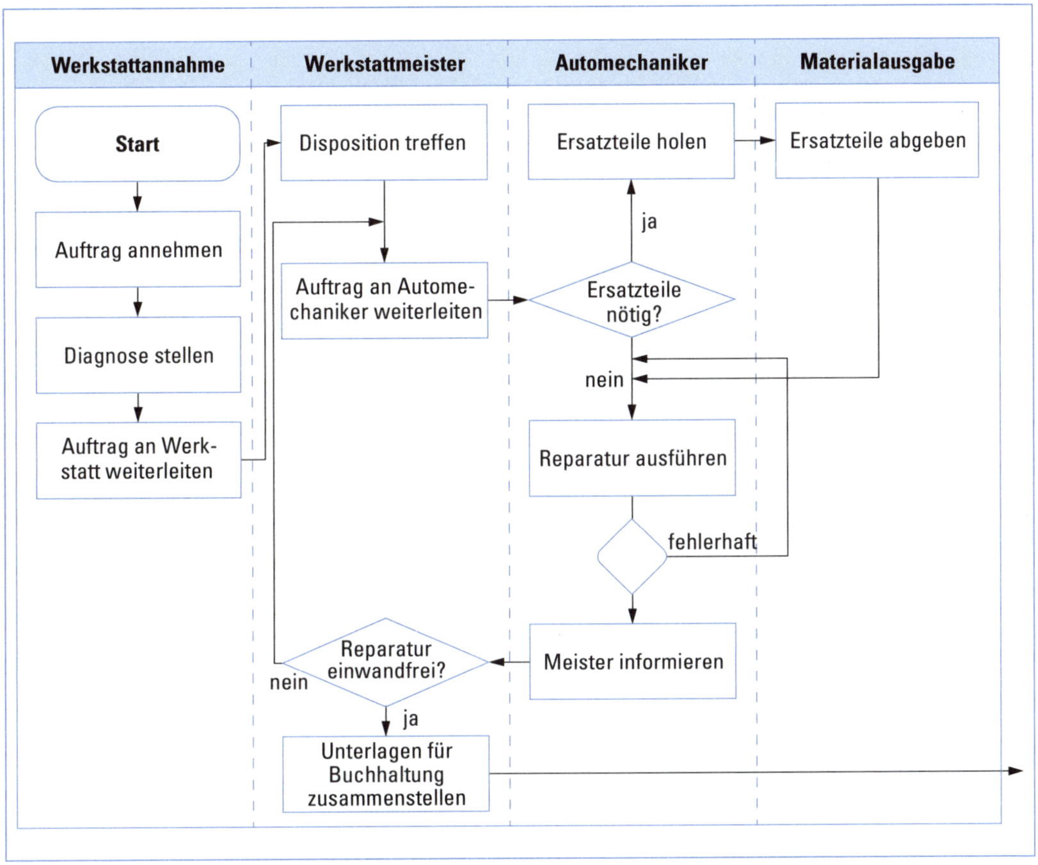

▲ Abb. 8-2 Beispiel eines einfachen Flussdiagramms

teilen besteht. Die grafisch-schematische und übersichtliche Dokumentation solcher Prozesse in einem Unternehmen trägt zum allgemeinen Verständnis von funktionsbereichsübergreifenden Arbeitsabläufen und betrieblichen Zusammenhängen bei. Darüber hinaus dient die Prozessmodellierung und -dokumentation auch als Grundlage zur Erkennung von Verbesserungs- und Einsparpotenzialen im betrieblichen Wertschöpfungsprozess.

8.2.2 Prozess- bzw. Wertschöpfungsanalyse

Leistungsarten bzw. -kategorien in einem Prozess

Jede Aktivität in einem Prozess benötigt Zeit und verursacht Kosten. Ob aus den Kosten ein Mehrwert entsteht, entscheiden die Kunden über den Kaufpreis, den sie für das Endprodukt zu zahlen bereit sind. Im Hinblick auf die Steigerung des finanziellen Unternehmenswertes bietet es sich deshalb an, im betrieblichen Wertschöpfungsprozess nur diejenigen Aktivitäten auszuführen, die für die Kunden direkt oder zumindest indirekt einen Nutzen stiften und damit werthaltig sind. Auf alle weiteren Aktivitäten, die aus Kundensicht den Wert des Produktes nicht erhöhen, wie beispielsweise unnötige Nacharbeiten oder Doppelspurigkeiten ist zu verzichten. Sie wirken lediglich kostentreibend und stiften keinen Kundennutzen. Im Gegenteil: Nicht wertschöpfende Aktivitäten können

Der Anteil der Leistungsarten an der Gesamtleistung des Unternehmens
Nutzleistungen sind solche Aktivitäten, die aus Sicht des Kunden zu einer Wertsteigerung führen. Sie erhöhen den Nutzen eines Ergebnisses für den Kunden während des betrieblichen Wertschöpfungsprozesses. Nutzleistungen sind geplant und entsprechend in einem Prozessbeschrieb (z. B. Flussdiagramm) sichtbar. Sie sind fortwährend zu optimieren. Beispiele: Bestellannahme, Montage, Versand, Marketingmassnahmen zur Erhöhung des ideellen Wertes eines Produkts.
Stützleistungen tragen im Gegensatz zu Nutzleistungen nur indirekt zur Wertsteigerung eines Produktes bei. Sie unterstützen die Nutzleistung, werden aber vom Kunden nicht wahrgenommen. Da sie Kosten verursachen, sollten sie möglichst wirtschaftlich abgewickelt und auf das geringstmögliche Mass reduziert werden. Beispiele: Planung, Rüstvorgänge in der Produktion, Genehmigungsverfahren, Berichtswesen, Archivierung.
Blindleistungen treten ungeplant auf und tragen weder direkt noch indirekt zur Wertschöpfung einer Leistung bei. Blindleistungen werden vom Kunden nicht wahrgenommen und erhöhen lediglich die Prozesskosten. Sie sind zu beseitigen. Beispiele: Zwischenlagerung, Nach- oder Doppelarbeit infolge fehlender oder falscher Information, Mehrfacherfassung derselben Daten.
Fehlleistungen wurden als Nutz- oder Stützleistungen geplant, sind als solche aber nicht verwertbar, da bei der Erfüllung ein Fehler aufgetreten ist. Durch bessere Planung, Schulung oder Prozessstrukturierung sind solche Fehlleistungen zu vermeiden. Beispiele: Fehlerhafte Produkte, falsche Buchungen, Fehllieferung.

▲ Abb. 8-3 Leistungsarten bzw. -kategorien in einem Prozess

zu Zeitverzögerungen in der Leistungserstellung führen, was von den Kunden als negativ wahrgenommen wird.

Ziel der Prozess- und Wertschöpfungsanalyse ist es, diejenigen Tätigkeiten und Schritte in einem Prozess, die weder direkt noch indirekt wertsteigernd sind, zu erkennen, um sie später im Rahmen der Prozessoptimierung und -steuerung zu beseitigen oder zumindest auf ein Mindestmass zu reduzieren. Mittels eines systematischen Verfahrens gilt es, jene kostenintensiven Aktivitäten innerhalb eines Prozesses aufzuspüren, die weder der Qualität, dem Gebrauch, der Lebensdauer noch dem Ansehen des Produktes bzw. der Dienstleistung dienen. Zu diesem Zweck lassen sich die verschiedenen Aktivitäten entlang eines Prozesses in die Kategorien Nutz-, Stütz-, Blind- und Fehlleistungen unterteilen. Welche Aktivitäten diesen einzelnen Kategorien zugeordnet sind, erläutern die Ausführungen in ◄ Abb. 8-3.

Aktivitäten	Abteilungen	Zeit (Min.)	Leistungen: Nutz	Stütz	Blind	Fehl
1. Kundenanfrage eintragen und weiterleiten	Vertrieb	24		×		
2. Rücksprache mit dem Kunden	Vertrieb	33			×	
3. Antrag auf Sondernummer ausfüllen	Vertrieb	18		×		
4. Eintrag in Eingangsliste/interne Nummer	Technik	14		×		
5. Kunden über Vorgang informieren	Technik	35			×	
6. Prüfen der Anfrage	Konstruktion	20		×		
7. Teile und Baugruppen definieren	Konstruktion	46		×		
8. Zeichnung und Stückliste erstellen	Konstruktion	75	×			
9. Sondernummer vergeben	Konstruktion	12			×	
10. Ergebnisse prüfen	Konstruktion	17		×		
11. Unterlagen archivieren	Konstruktion	15		×		
12. Preise schätzen	Kalkulation	18		×		
13. Lohnminuten berechnen	Kalkulation	27		×		
14. Angebot erstellen	Vertrieb	52	×			
15. Angebot dem Kunden vorlegen	Marketing	7	×			

▲ Abb. 8-4 Beispiel einer Wertschöpfungsanalyse-Matrix

Prozess- und Wertschöpfungsanalyse

Fokussierung auf wertschöpfende Aktivitäten

Aufbauend auf der Unterscheidung von Nutz-, Stütz-, Blind- und Fehlleistungen kann nun im Rahmen der Prozess- und Wertschöpfungsanalyse eine Tabelle mit allen Aktivitäten eines Prozesses erstellt und jede Aktivität nach dem Grad ihrer Wertschöpfung einer der vier Leistungsarten bzw. -kategorien zugeordnet werden. Diese Zuordnung erfolgt mit dem Ziel, zu erkennen, bei welchen Aktivitäten eines Prozesses es sich um beizubehaltende Nutz- und Stützleistungen handelt und was bei der Prozessoptimierung zu beseitigende Blindleistungen bzw. zu vermeidende Fehlleistungen sind. Wie eine solche Tabelle als Ergebnis einer Prozess- und Wertschöpfungsanalyse aussehen könnte, zeigt ◀ Abb. 8-4.

Eine sorgfältig durchgeführte Wertschöpfungsanalyse deckt überflüssige Tätigkeiten und vermeidbare Verschwendung auf und bildet damit die Basis, um darauf aufbauend die bestehenden Prozesse funktionsbereichsübergreifend zu optimieren und so operative Exzellenz zu erzielen. Die kritische Durchleuchtung und Infragestellung sämtlicher Aktivitäten in einem Unternehmen stellt mit anderen Worten sicher, dass die beschränkten Mittel auf das Wesentliche und Sinnvolle konzentriert werden.

8.2.3 Prozessoptimierung und -steuerung

Sind die Schwachstellen und Verbesserungspotenziale eines Prozesses dank sorgfältiger Wertschöpfungsanalyse erkannt, lassen sich darauf aufbauend Ansatzpunkte zur Prozessoptimierung entwickeln. Konkret bedeutet dies, Prozesse möglichst so zu gestalten, dass lediglich Aktivitäten durchgeführt werden, bei denen es sich um Nutz- oder Stützleistungen handelt. Diese Aktivitäten gilt es bei der Gestaltung des betrieblichen Wertschöpfungsprozesses optimal zu verbinden und somit das Material bzw. das Werkstück oder Produkt auf kürzestem und schnellstem Weg kontinuierlich durch die Produktion fliessen zu lassen. Je nachdem, wie sich dabei die Ist-Situation präsentiert, sind bei der Prozessoptimierung mehr oder weniger tiefgreifende Anpassungen in der Ausgestaltung der Geschäftsprozesse vorzunehmen. Hierfür lassen sich im Kern zwei verschiedene Vorgehensweisen unterscheiden. Einerseits gibt es den top-down-orientierten Ansatz des fundamentalen Überdenkens und Neugestaltens der betrieblichen Abläufe und damit der radikalen Veränderungen, dem sogenannten Business Process Reengineering (BPR). Andererseits verfolgt der bottom-up-orientierte Ansatz die Methode der kontinuierlichen Verbesserung der Geschäftsprozesse in kleinen Schritten, das

Business Process Reengineering

Total Quality Management

sogenannte Total Quality Management (TQM). Gemäss dem TQM-Ansatz weist nicht die sprunghafte Verbesserung durch eine grundsätzliche Neustrukturierung der Prozesse, sondern die schrittweise Optimierung der bestehenden Prozessabläufe den Weg zur schlanken Organisation bzw. Produktion und damit zum langfristigen Erfolg.

Die aktive Steuerung und ständige Verbesserung von Prozessen im betrieblichen Alltag nimmt eine Schlüsselrolle in der wertorientierten Unternehmensführung ein. Gelingt es nämlich einem Unternehmen, sich im Rahmen der Leistungserstellung auf die wertschöpfenden Aktivitäten (Nutz- und Stützleistungen) zu konzentrieren und Blindleistungen sowie Fehlleistungen zu beseitigen bzw. zu vermeiden, ist mit Verbesserungen hinsichtlich der Faktoren Zeit, Kosten und Qualität zu rechnen. Im Ergebnis werden die Geschäftsprozesse verschlankt und konsequent auf Wertschöpfung ausgerichtet. Dank dem Abbau von Reibungsverlusten, der Reduktion von Doppelspurigkeiten und der Minimierung fehlerträchtiger Schnittstellen in Prozessabläufen lassen sich kostenwirksam die Bearbeitungszeiten senken, die Liegezeiten reduzieren und damit die Durchlaufzeiten im betrieblichen Wertschöpfungsprozess erhöhen. Dies gelingt erfahrungsgemäss dann am besten, wenn die Mitarbeitenden in die Suche nach Ansatzpunkten zur Geschäftsprozessverbesserung miteinbezogen und somit im Rahmen des organisatorischen Wandels von Betroffenen zu Beteiligten gemacht werden. Es liegt nicht nur in der Verantwortung der Führungskräfte, sondern auch der Mitarbeitenden, zu prüfen, ob und wo bei der Aufgabenerfüllung eine jeweils qualitativ bessere, schnellere, produktivere und damit kostengünstigere Prozessalternative besteht.

Verbesserungen hinsichtlich Zeit, Kosten und Qualität

Kapitel 9
Mitarbeiterorientierte Unternehmensführung

«Willst du im laufenden Jahr ein Ergebnis sehen, so säe Samenkörner.
Willst du in zehn Jahren ein Ergebnis sehen, so setze Bäume.
Willst du das ganze Leben lang ein Ergebnis sehen,
so entwickle die Menschen.» Sun Tzu, chinesischer Feldherr

Die Ausführungen der letzten Kapitel haben sich im Hinblick auf die Steigerung des Unternehmenswertes auf die Fragen konzentriert, wie Kunden gewonnen und ans Unternehmen gebunden werden können und wie effektive und effiziente Geschäftsprozesse zur kostengünstigen Leistungserstellung zu gestalten sind. In der Auseinandersetzung mit diesen betriebswirtschaftlichen Herausforderungen könnte fälschlicherweise der Eindruck entstanden sein, dass erfolgreiche Unternehmensführung ein «generalstabsmässig zu planendes» Berechnungs-, Anweisungs- und Organisationsproblem sei. Diese Betrachtungsweise greift jedoch zu kurz. Ein Unternehmen funktioniert nicht wie eine Maschine, die bei korrekter Bedienung exakt das produziert, wofür sie von den Ingenieuren entwickelt wurde. Viele Strategien, kreative Ideen in Business-Plänen, Marketing-Konzepte oder auch Geschäftsprozessoptimierungen scheitern in der konkreten Umsetzung an den sogenannten «weichen Faktoren» wie beispielsweise Arbeitseinstellung und Werthaltung der Mitarbeitenden,

Weiche Faktoren

Führungsstil der Vorgesetzten, Kommunikation und Unternehmenskultur. Es sind die Mitarbeitenden, die das eigentliche Herzstück eines Unternehmens bilden und die Triebkraft für Innovationen sind. Sie tragen mit ihrem Engagement, ihren Fähigkeiten und ihrer Erfahrung entscheidend zum langfristigen Erfolg eines Unternehmens bei. Erst leistungsfähige und -willige Mitarbeiter erlauben es einem Unternehmen, den betrieblichen Wertschöpfungsprozess effizient zu gestalten, die Kundenbedürfnisse effektiv zu erfüllen und damit den Wertsteigerungsmechanismus kontinuierlich in Gang zu halten (siehe dazu nochmals ◄ Abb. 2-8 auf Seite 53). Damit erlangt die Gewinnung, laufende Entwicklung und langfristige Bindung von qualifizierten und engagierten Mitarbeitenden an das Unternehmen eine zentrale Bedeutung und im Rahmen der wertorientierten Unternehmensführung ein besonderes Gewicht.

Mitarbeitende im Mittelpunkt

9.1 Kerngedanke – Die mitarbeiterorientierte Grundlogik

Unternehmen können ihre betriebliche Wertschöpfung nur mit einsatzwilligen und qualifizierten Menschen erbringen. Deshalb ist es für den langfristigen Erfolg zentral, die Ziele und Ansprüche des Unternehmens und seiner Mitarbeitenden aufeinander abzustimmen und damit Mehrwerte mit und für die Mitarbeitenden zu schaffen. Denn Unternehmen, bei denen die Mitarbeitenden und deren Anliegen und Interessen ernst genommen werden und ein gutes Arbeitsklima herrscht, haben eine motiviertere und engagiertere Belegschaft. Dies schlägt sich in aller Regel in einer erhöhten Arbeitsproduktivität und dank kundenfreundlicherem Verhalten der Mitarbeitenden in einer höheren Kundenzufriedenheit nieder. Beides wirkt sich positiv auf die Steigerung des finanziellen Unternehmenswertes aus. Diese Unternehmenswertsteigerung trägt wiederum zu einer Sicherung der Arbeitsplätze, zu attraktiven Arbeitsbedingungen (z.B. hohe Löhne), zu Erfolgserlebnissen der Mitarbeitenden und damit auch zu deren Zufriedenheit bei.

Zentrale Bedeutung der Unternehmenskultur

9.2 Kernaufgaben des Personalmanagements

Gerade weil qualifizierte und engagierte Mitarbeitende so entscheidend für die Entwicklung und den langfristigen Erfolg eines Unternehmens sind, lohnt es sich, der sorgfältigen Personalgewinnung und -auswahl, der Personalführung, -honorierung und -entwicklung sowie dem Personal-

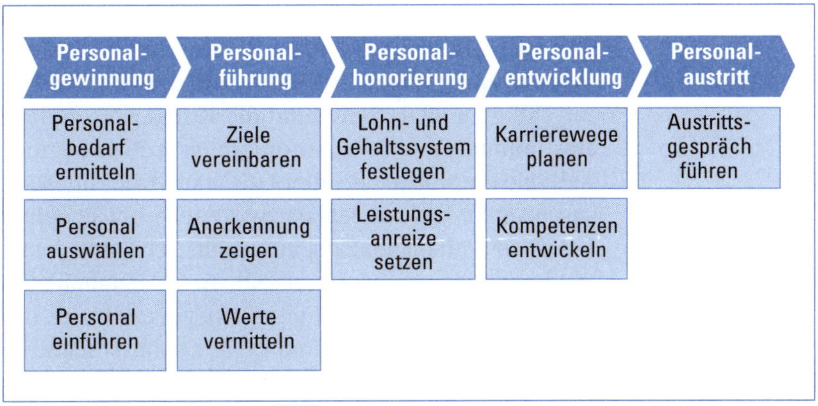

▲ Abb. 9-1 Kernaufgaben des Personalmanagements

austritt besondere Aufmerksamkeit zu schenken. Alle diese Aktivitäten sind Kernaufgaben des Personalmanagements, die im Wesentlichen anspruchsvolle und nur begrenzt delegierbare Führungstätigkeiten sind.

Kernaufgaben des Personalmanagements

Keine der in ◄ Abb. 9-1 dargestellten und in den nachfolgenden Abschnitten 9.2.1 bis 9.2.5 näher ausgeführten Kernaufgaben des Personalmanagements steht für sich, sondern ist eng mit den übrigen Aufgaben verknüpft.

9.2.1 Personalgewinnung und -auswahl

Personalbedarfsermittlung

Ausgangspunkt des Personalgewinnungs- und -auswahlprozesses ist die Planung des Personalbedarfs und damit die Bestimmung der personellen Ressourcen (Anzahl benötigter Stellen), die zur Erreichung der Unternehmensziele erforderlich sind. Die Personalbedarfsplanung hat immer auch mit Kostenplanung zu tun.

Personalsuche

Aufgrund des ermittelten Personalbedarfs und der vorhandenen finanziellen Mittel gilt es in einem nächten Schritt, die notwendige Anzahl an Mitarbeitenden mit anforderungsgerechter Qualifikation, Motivation und Werthaltung zum gewünschten Zeitpunkt zu finden. Diese Suche geschieht entweder unternehmensintern (z.B. durch Beförderung von bestehenden Mitarbeitenden) oder auf dem externen Arbeitsmarkt. Basis für die Personalauswahl bildet dabei ein stellenspezifisches Anforderungsprofil, in welchem der Aufgaben-, Kompetenz- und Verantwortungsbereich beschrieben ist.

Personalauswahl

Der richtigen Auswahl der Mitarbeitenden, welche die Werte des Unternehmens teilen und auch gleichzeitig die unternehmerischen Ziele erreichen können und wollen, kommt für den langfristigen Erfolg eine besondere Bedeutung zu. Jede Anstellung ist ein Entscheid auf meist mehrere Jahre hinaus. Es lohnt sich deshalb, die Bewerbungsunterlagen sorgfältig zu analysieren und die Kompetenzen der Bewerber auf Übereinstimmung mit dem Anforderungsprofil zu prüfen, strukturierte Vorstellungsgespräche und allenfalls auch Assessments durchzuführen sowie ausgewählte Referenzen als zusätzliche Entscheidungshilfe einzuholen.

Personaleinführung

Ist der Personalentscheid gefällt, setzt mit dem Eintritt eines neuen Mitarbeitenden in das Unternehmen der Personaleinführungsprozess ein. Dieser soll die neuen Mitarbeitenden rasch mit dem Unternehmen als Ganzes vertraut machen und sie in das bestehende Team integrieren. Zudem sollen die neuen Mitarbeitenden die Produkte und Dienstleistungen sowie deren Positionierung in den Märkten kennen lernen und in die unternehmerischen Prozessabläufe eingeführt werden. Die systematische Personaleinführung hat einen wesentlichen Einfluss darauf, ob sich die neu angestellten Mitarbeitenden rasch im Unternehmen wohlfühlen, zurechtfinden und produktiv eingesetzt werden können. Zudem zeigt eine professionell gestaltetes Einarbeitungsprogramm die Wertschätzung gegenüber den neu eintretenden Mitarbeitenden, was sich positiv auf deren Motivation auswirkt. Versäumnisse bei der Personaleinführung können hingegen zu Kündigungen während der Probezeit oder innerhalb des ersten Anstellungsjahres führen, was hohe, nicht wertschöpfende Kosten verursacht.

9.2.2 Personalführung

Art und Weise der Führung von Mitarbeitenden

Nach erfolgreicher Einarbeitung der Mitarbeitenden sollten diese in der Lage sein, einen aktiven Wertschöpfungsbeitrag zur Erreichung der unternehmerischen Ziele zu leisten. Eine zentrale Bedeutung nimmt dabei die Art und Weise der Führung der Mitarbeitenden ein. Die zielorientierte Führung von Mitarbeitenden ist eine anspruchsvolle Aufgabe. Sie erfordert von den Führungskräften viel psychologisches Geschick. Gutes oder schlechtes Führungsverhalten prägt die Unternehmenskultur, beeinflusst stark die Motivation und Arbeitszufriedenheit der Mitarbeitenden und schlägt sich früher oder später im Unternehmenserfolg nieder.

Aufgabenorientierter Führungsstil

Im Führungsverhalten einer Führungskraft lassen sich zwei grundsätzliche Ausrichtungen von Führungsstilen unterscheiden: Der Führungsstil ist immer mehr oder weniger aufgaben- und mehr oder weniger beziehungsorientiert. Ein stärker aufgabenbezogener Führungsstil betont schwergewichtig das Ziel der Leistung und das Erreichen der Unterneh-

Beziehungsorientierter Führungsstil

menssziele, während sich ein stärker beziehungsorientierter Führungsstil vor allem an den Erwartungen und Bedürfnissen der Mitarbeitenden ausrichtet und sich damit prioritär am Ziel eines angenehmen Arbeitsklimas orientiert. Die allzu einseitige Ausrichtung des persönlichen Führungsverhaltens auf eine der beiden grundsätzlichen Ausrichtungen läuft Gefahr, «zu viel des Guten zu tun» und als Folge dieser Übertreibung in ein negatives Extrem abzurutschen. Eine Führungskraft, die beispielsweise ihr Führungsverhalten nur daran ausrichtet, dass sich die Mitarbeitenden am Arbeitsplatz wohlfühlen und unter den Mitarbeitenden Harmonie vorherrscht, erreicht möglicherweise mit dieser einseitig beziehungsorientierten Ausrichtung am Wohlbefinden der Mitarbeitenden die Leistungsziele nicht. Eine Führungskraft hingegen, die allzu energisch nach Höchstleistungen strebt und strenge Vorgaben für die Zielerreichung erteilt, vernachlässigt die persönlichen Belange der Mitarbeitenden. Der ideale Führungsstil zeichnet sich deshalb durch ein ausgewogenes Verhältnis zwischen Aufgaben- und Beziehungsorientierung aus. Es ist derjenige Führungsstil, der es schafft, dass sich die Mitarbeitenden wohlfühlen und qualitativ hochwertige Leistungen erbringen. Dies bedingt, dass eine Führungskraft in der Lage und gewillt ist, gemeinsam mit den Mitarbeitenden Ziele zu vereinbaren und im Arbeitsalltag konstruktiv Feedback zu erteilen.

Der ideale Führungsstil

9.2.2.1 Zielvereinbarungen

Management by Objectives (MbO)

Personalführung beginnt mit der regelmässigen Festlegung von Zielen. Im Hinblick auf positive Wirkungen auf Motivation und Zusammenarbeit ist dabei entscheidend, dass die Aufgaben- und persönlichen Entwicklungsziele zwischen dem Mitarbeitenden und Vorgesetzten in einer vertrauensvollen Atmosphäre gemeinsam vereinbart werden (Management by Objectives, MbO). Ebenso wichtig ist es, dass diese Ziele im Zielvereinbarungsgespräch konkret formuliert und in einer bestimmten Frist mit den zur Verfügung gestellten Ressourcen auch realistischerweise erreicht werden können. Für den Weg zur Zielerreichung werden dem Mitarbeitenden weitgehende Freiräume gewährt und nur bei Bedarf Unterstützung angeboten. Diese Möglichkeit, im Rahmen der vereinbarten Ziele die Aufgaben weitgehend frei gestalten zu können, wirkt sich vorteilhaft auf die Arbeitszufriedenheit und das selbstverantwortliche Engagement der Mitarbeitenden aus.

Die Vereinbarung von Zielen bedingt automatisch auch eine periodische Beurteilung der Zielerreichung. Ein gut geführtes Mitarbeitergespräch ist eine gemeinsame Standortbestimmung zwischen Mitarbeitendem und direktem Vorgesetzten. Es beinhaltet die gemeinsame Reflexion über die erbrachten Leistungen und erreichten Ziele, über die berufliche Zukunft, über die Zusammenarbeit mit dem Vorgesetzten und

Mitarbeitergespräch

innerhalb des Teams, über allfällige Probleme sowie Verbesserungsansätze. Wie gut es in einem Mitarbeitergespräch gelingt, offen und kritisch unterschiedliche Sichtweisen auszutauschen und gleichzeitig gegenseitige Anerkennung und Wertschätzung zu signalisieren, ist eine wesentliche Führungsqualität. Ein konstruktiv geführtes und sorgfältig ausgewertetes Mitarbeitergespräch liefert wertvolle Informationen über erforderliche Massnahmen zur individuellen Personalentwicklung, zur leistungsbezogenen Entlöhnung sowie zur Laufbahn- und Karriereplanung. Zudem bildet das Mitarbeitergespräch den Ausgangspunkt, um für die nächste Zielvereinbarungsperiode Folgeziele zu vereinbaren und allfällig erwünschte bzw. erforderliche Begleit- und Coachingmassnahmen festzulegen.

9.2.2.2 Anerkennung

Wertschätzung

Wichtig für die Arbeitsfreude und Motivation der Mitarbeitenden ist eine positive Vorgesetzten-Mitarbeiter-Beziehung sowie ein gutes Kollegenverhältnis. Die besten Leistungen erbringen die Mitarbeitenden, wenn sie sich am Arbeitsplatz wohl, akzeptiert, unterstützt und wertgeschätzt fühlen. Wirksame und erfolgreiche Führungskräfte bringen deshalb ihren Mitarbeitenden Wertschätzung entgegen und zeigen Anerkennung für die erbrachten Leistungen. Sie konzentrieren sich auf die Stärken der einzelnen Mitarbeitenden und setzen diese entsprechend ihren Talenten ein.

9.2.2.3 Vermittlung von Werten

Neben der Vereinbarung von Zielen und dem regelmässigen Erteilen von Feedback zur Zielerreichung besteht eine weitere zentrale Aufgabe einer Führungskraft darin, die im Unternehmen geltenden Werte im Arbeitsalltag vorzuleben. Sind gemeinsame unternehmerische Werte vorhanden, sind die Mitarbeitenden fähig, die Ermessensspielräume bei schwierigen Entscheiden und im Umgang mit Zielkonflikten so wahrzunehmen, dass sie den gesellschaftlichen und unternehmensspezifischen Vorstellungen des Guten, Gerechten und Vernünftigen entsprechen.

9.2.3 Personalhonorierung

Entlöhnung

Ein wichtiges Element im Rahmen der mitarbeiterorientierten Unternehmensführung ist auch die Ausgestaltung eines attraktiven und fairen Lohn- und Gehaltssystems. Das Ziel der Personalhonorierung besteht darin, dass alle Mitarbeitenden das Gefühl haben, gerecht entlöhnt zu werden.

Gerechtigkeits-kriterium	Beschreibung
Anforderungs-gerechtigkeit	Anforderungsgerecht ist ein Lohn- und Gehaltssystem, wenn bei der Lohnfestsetzung der Schwierigkeitsgrad der Aufgabe berücksichtigt wird. Je anspruchsvoller eine Tätigkeit ist, umso höher sollte der Lohn sein. Die Anforderungsgerechtigkeit des Lohnes resultiert aus einer Arbeitsplatzbewertung und den sich daraus ergebenden Kompetenzanforderungen sowie der Stellenbeschreibung.
Leistungs-gerechtigkeit	Leistungsgerecht ist ein Lohn- und Gehaltssystem, wenn dieses mittels eines variablen Bonusbestandteils die erbrachte Leistung eines Mitarbeiters berücksichtigt.
Sozial-gerechtigkeit	Sozialgerecht ist ein Lohn- und Gehaltssystem, wenn bei dessen Ausgestaltung auch sozialpolitische Anliegen berücksichtigt werden. Dazu zählen Bestandteile wie Mindestlohn, Lohnfortzahlung bei Krankheit und Unfall oder auch Familien- und Kinderzulagen.
Arbeitsmarkt-gerechtigkeit	Arbeitsmarktgerecht ist ein Lohn- und Gehaltssystem, wenn bei der Festlegung der Lohnhöhe neben den bereits erwähnten internen Gerechtigkeitskriterien auch die externe Sichtweise und damit die relative Knappheit spezifischer Qualifikationen auf dem Arbeitsmarkt berücksichtigt wird.

▲ Abb. 9-2 Gerechtigkeitskriterien im Lohn- und Gehaltssystem

9.2.3.1 Lohn- und Gehaltssystem

Damit der Lohn von den Mitarbeitenden als relativ (d.h. im Vergleich zu anderen) gerecht empfunden wird, muss er diversen Kriterien genügen. Er muss den Anforderungen der Stelle und den persönlichen Leistungen entsprechen, und er soll auch einem Vergleich innerhalb des Unternehmens und auf dem Arbeitsmarkt standhalten. Was diese Gerechtigkeitskriterien bei der Ausgestaltung eines gerechten Lohn- und Gehaltssystems konkret bedeuten, ist in ◄ Abb. 9-2 aufgeführt.

Gerechtigkeitskriterien

Mit der Festlegung des Lohn- und Gehaltssystems fällt ein Unternehmen ein Werturteil darüber, wie stark die einzelnen Gerechtigkeitskriterien berücksichtigt werden sollen. Diese Entscheidung ist von den Machtverhältnissen der einzelnen Anspruchsgruppen eines Unternehmens geprägt. So führt beispielsweise ein starker gewerkschaftlicher Einfluss eher zu einer Betonung der Anforderungs- und insbesondere der Sozialgerechtigkeit, während ein starker Einfluss der Kapitalgeber und des Managements eher zu einem ausgeprägter leistungs- und arbeitsmarktorientierten Lohn- und Gehaltssystem tendiert. Die Ausgestaltung des Lohn- und Gehaltssystems ist damit auch ein Indikator für die Unternehmenskultur und gewährt Einblick in die geltenden Werte eines Unternehmens.

9.2.3.2 Leistungsanreize

Motivation

Bei der Ausgestaltung des Lohn- und Gehaltssystems ist es nicht nur wichtig, dass die Entlöhnung von den Mitarbeitenden als gerecht empfunden wird. Ebenso wichtig ist bei der Festlegung des Lohn- und Gehaltssystems auch die Berücksichtigung motivationaler Aspekte.

Fixe und variable Vergütung

Der Lohn kann sich aus verschiedenen Komponenten zusammensetzen. Neben einem Grundlohn (fixe Entlöhnung) kann der Lohn je nach Funktion auch noch eine variable Vergütung (Bonus in Abhängigkeit vom Unternehmenserfolg und der erbrachten Leistung, Anerkennungsprämien für ausserordentliche Leistungen) und Zusatzleistungen (sogenannte Fringe Benefits wie z.B. ein Geschäftsauto, pauschale Spesenvergütung, spezielle Versicherungsleistungen) beinhalten. Mit einem variablen Vergütungsanteil am Gesamtlohn sollen Erfolgsbeiträge von Mitarbeitenden gezielt honoriert und gleichzeitig Anreize für überdurchschnittliche Leistungen geschaffen werden. Ein sinnvoll ausgestaltetes Anreizsystem wirkt sowohl motivierend für das Individuum als auch wertsteigernd für das Unternehmen. Zu diesem Zweck ist es auf die strategischen Ziele des Unternehmens ausgerichtet, zielt auf die langfristige Bindung der Mitarbeitenden ab und belohnt besondere Leistungen, wobei es im Hinblick auf integrative Wirkungen unter den Mitarbeitenden die Leistungen von Teams und Abteilungen stärker gewichtet als die individuellen Beiträge. Ein zweckmässiges Anreizsystem ist zudem entwicklungsorientiert ausgerichtet, indem es Innovationsbeiträge ebenso bewertet wie finanzielle Erfolgsbeiträge.

Materielle und immaterielle Anreize

Motivierend wirken nicht nur materielle (monetäre) Anreize wie etwa eine finanzielle Erfolgsbeteiligung. Auch durch immaterielle (nichtmonetäre) Anreize kann und soll positives Leistungsverhalten der Mitarbeitenden belohnt werden. Zu den immateriellen Anreizen, die sich positiv auf die Motivation auswirken, zählen beispielsweise eine interessante und abwechslungsreiche Arbeit, ein angenehmes Arbeitsklima, flexible Arbeitszeiten, Anerkennung der erbrachten Leistungen durch Kollegen und Vorgesetzte, Aufstiegsmöglichkeiten und vielfältige Personalentwicklungsmassnahmen. All diese materiellen und immateriellen Anreize tragen dazu bei, die Leistungsträger an das Unternehmen zu binden.

9.2.4 Personalentwicklung

Die Personalentwicklung umfasst sämtliche Massnahmen, mit denen die Fähigkeiten und Kompetenzen der Mitarbeitenden gezielt verbessert werden sollen. Im Vordergrund der Personalentwicklung steht die Konzeption von betrieblichen Aus- und Weiterbildungsprogrammen und eine strategiegerechte Karriere- bzw. Laufbahnplanung.

9.2.4.1 Planung von Karrierewegen

Laufbahnplanung

Der Eintritt und Verbleib in einem Unternehmen hängt wesentlich davon ab, ob die persönlichen Entwicklungsziele mit den Entwicklungs- und Karrieremöglichkeiten im Unternehmen übereinstimmen. Eine entsprechend hohe Bedeutung für die Gewinnung und Bindung hoch qualifizierter Mitarbeitender kommt der individuellen, beruflichen Laufbahnplanung zu. Diese Laufbahnplanung ist ein Prozess mit langfristiger Ausrichtung, der gemeinsam von den Vorgesetzten und den Mitarbeitenden zu verantworten ist. In der Verantwortung des Vorgesetzten liegt es, systematisch die Nachfolgeregelung für Schlüsselpositionen im Unternehmen zu planen und Fördermassnahmen anzubieten. In der Verantwortung der Mitarbeitenden liegt es, die eigenen Fähigkeiten, Kenntnisse und Kompetenzen laufend weiterzuentwickeln und sich gezielt für die Aufgaben von morgen vorzubereiten.

Nachfolgeregelung

9.2.4.2 Entwicklung von Kompetenzen

Einen zentralen Platz in der Personalentwicklung nimmt die betriebliche Aus- und Weiterbildung ein. Sie knüpft sinnvollerweise an die Personalbeurteilung und Potenzialeinschätzung im Rahmen eines Mitarbeitergesprächs an, in welchem gemeinsam mit dem Mitarbeitenden Lücken im Wissen und Können erkannt und Wünsche nach einer Weiterentwicklung bestimmter Kompetenzen festgestellt wurden. Ziel der Personalentwicklung ist es, die erkannten Lücken in den Fach-, Methoden-, Sozial- und Persönlichkeitskompetenzen zu schliessen, um so das Leistungspotenzial der Mitarbeitenden im Hinblick auf die Erreichung der langfristigen Unternehmensziele besser auszuschöpfen. Eine auf die Förderung solcher Kompetenzen ausgerichtete Personalentwicklung ist eng mit den Bereichen Team- und Organisationsentwicklung verzahnt. Der Team- und Organisationsentwicklung kommt die Aufgabe zu, ganze Teams bzw. Organisationseinheiten dazu zu befähigen, ihre Aufgaben erfolgreich zu bewältigen und Veränderungsprozesse mit einer positiven Grundhaltung gegenüber Neuerungen gemeinsam zu meistern.

Fach-, Methoden-, Sozial- und Persönlichkeitskompetenzen

Eine wichtige Funktion im Bereich der Personalentwicklung kommt dem Coaching zu. Coaching wird in Analogie zum Sport als eine Form des entwicklungsorientierten Führens der Mitarbeitenden verstanden. Beim Coaching als Führungsaufgabe geht es darum, dass der Vorgesetzte seinen Mitarbeitenden als Coach hilft, Ziele zu erreichen, Aufgaben zu erfüllen, Probleme am Arbeitsplatz zu bewältigen, mit Veränderungen umzugehen und neue Fähigkeiten und Kompetenzen «on the job» zu erwerben. Eine solche Personalentwicklung am Arbeitsplatz setzt ein bestimmtes Führungsverhalten voraus, welches das Potenzial der Mitarbeitenden ausschöpft und dabei Rücksicht nimmt auf den individuellen Entwicklungsstand des einzelnen Mitarbeiters sowie auf die jeweilige Situation.

Coaching

9.2.5 Personalaustritt

Nicht zu vernachlässigen im Rahmen der mitarbeiterorientierten Unternehmensführung ist auch die Regelung des Austritts von Mitarbeitenden durch natürliche Abgänge (z.B. Pensionierung), Kündigung oder Personalabbau. Unabhängig davon, welches die Gründe für die Auflösung des Arbeitsverhältnisses sind, sollte mit dem Mitarbeitenden am Ende seiner Anstellung ein Austrittsgespräch durchgeführt werden.

Kündigung

Austrittsgespräch

Ein besonders sensibler Schritt ist der Personalabbau aufgrund von Rationalisierungen oder Umstrukturierungen. Für die Betroffenen ist der Arbeitsplatzverlust ein einschneidendes Erlebnis. Aber auch von den verbleibenden Mitarbeitenden wird die Art und Weise, wie sich ein Unternehmen von Mitarbeitenden trennt, wahrgenommen und hat einen prägenden Einfluss auf die Unternehmenskultur und Loyalität gegenüber dem Arbeitgeber. Je nachdem, wie in einem Unternehmen ein Personalabbau vollzogen wird, können Entlassungen die Leistungsfähigkeit eines Unternehmens vorübergehend oder sogar nachhaltig gefährden. Um solche negativen Auswirkungen von Personalabbaumassnahmen zu vermeiden, ist vom Arbeitgeber alles zu unternehmen, um Entlassungen nur als letzte, unumgängliche Massnahme vorzunehmen und möglichst sozialverträglich zu gestalten. Sozialverträgliches und verantwortungsvolles unternehmerisches Handeln bedeutet, dass im Falle von Entlassungen aufgrund von Rationalisierung oder Umstrukturierung ein Sozialplan gemeinsam mit der Arbeitnehmervertretung (z.B. Gewerkschaft oder Betriebskommission) und in Zusammenarbeit mit den staatlichen Behörden ausgearbeitet wird. Ein Sozialplan hat zum Zweck, die menschlichen und wirtschaftlichen Härten einer Entlassung zu mildern und den Betroffenen den Übergang zu einer neuen Stelle zu erleichtern. Er kann unter anderem die folgenden, in der Regel durch das Unternehmen zu finanzierenden Punkte enthalten: Verlängerung von Kündigungsfristen, Abfindungszahlungen, Stellenvermittlung, Wegentschädigung oder Lohnbesitzstandswahrung über eine bestimmte Zeitperiode bei internen Versetzungen, Kostenbeteiligung oder -übernahme bei Umschulungsmassnahmen oder auch vorzeitige Pensionierungen.

Sozialplan

Kapitel 10
Unternehmerische Gesamtführung

«Herr, gib mir den Mut, zu ändern, was ich ändern kann,
die Geduld, hinzunehmen, was ich nicht ändern kann,
und die Weisheit, das eine vom andern zu unterscheiden.» Hl. Antonius

Verständnis für betriebswirtschaftliche Zusammenhänge

Erfolgreiches Management erfordert ein ganzheitlich-systemisches Denken in Ursache-Wirkungs-Zusammenhängen und damit verbunden die Betrachtung der unternehmerischen Wirklichkeit aus unterschiedlichen Blickwinkeln bzw. Perspektiven. Diesem Erfordernis wurde mit den Ausführungen in den bisherigen Kapiteln Rechnung getragen. Nachdem zunächst ausgehend von der Stakeholder-Value-Orientierung in die unternehmerische Erfolgslogik zur Steigerung des Unternehmenswertes eingeführt wurde, wurden anschliessend darauf aufbauend Schritt für Schritt die Kerngedanken und -aufgaben der strategischen, finanziellen, kunden-, prozess- und mitarbeiterorientierten Unternehmensführung erläutert. Langfristiger Unternehmenserfolg dürfte sich dann einstellen, wenn es einem Unternehmen gelingt, die vielfältigen Herausforderungen des strategischen Managements, des Finanzmanagements, des Marketings, des Prozessmanagements sowie des Personalmanagements zu meistern. Erfolgreiche Unternehmerinnen und Unternehmer sind dabei aufgrund ihres Verständnisses für betriebswirtschaftliche Zusammen-

Langfristige Steigerung des Unternehmenswerts

hänge in der Lage, zu erkennen, mit welchen Massnahmen sie die langfristige Steigerung des Unternehmenswertes zielgerichtet beeinflussen und wie sie die Wirksamkeit der ergriffenen Massnahmen fortlaufend überprüfen können. Sie sind dank ihrer Managementkompetenz fähig, in komplexen Problemsituationen zum richtigen Zeitpunkt die notwendigen strategischen und operativen Entscheide zu fällen, die jeweils dazu passenden Massnahmen zu ergreifen und im Voraus die zu erwartenden Konsequenzen abzuschätzen.

Stellhebel und Messgrössen

In komplexen Problemsituationen richtig zu entscheiden, setzt voraus, dass erfolgreiche Unternehmerinnen und Unternehmer differenzieren können, welches die wesentlichen Stellhebel und damit erfolgskritischen Massnahmen für eine nachhaltige Unternehmenswertsteigerung sind und anhand welcher Messgrössen der Erfolg der ergriffenen Massnahmen beurteilt werden kann. Um hierfür grundlegende Hilfestellung zur Führung eines Unternehmens zu leisten, werden im Folgenden zur Abrundung der bisherigen Ausführungen die zentralen Stellhebel und Messgrössen der finanziellen, kunden-, prozess- und mitarbeiterorientierten Unternehmensführung ausdifferenziert und zusammenfassend dargestellt.

10.1 Stellhebel und Messgrössen

Ursache-Wirkungs-Zusammenhänge

Der dauerhafte Erfolg eines Unternehmens baut auf der ausgewogenen Erfüllung der vielfältigen Anliegen und Interessen der einzelnen Anspruchsgruppen auf (Kapitel 1). Wie darauf abgestützt in Kapitel 2 aufgezeigt wurde, bestehen bei der Ausrichtung der unternehmerischen Aktivitäten auf die Stakeholder-Interessen und dabei insbesondere auf die Ansprüche der Kapitalgeber, Kunden und Mitarbeitenden wechselseitige Beziehungen und Abhängigkeiten. Diese Beziehungen und Abhängigkeiten sind über verschiedene Ursache-Wirkungs-Zusammenhänge miteinander verbunden (vgl. dazu insbesondere nochmals ◀Abb. 2-8 auf Seite 53), wobei sich das Beziehungsgeflecht über alle Perspektiven wertorientierter Unternehmensführung zieht. Das Verständnis dieser Ursache-Wirkungs-Zusammenhänge und damit der unternehmerischen Erfolgslogik ist für die Führung eines Unternehmens als Ganzes zentral. Die unternehmerische Erfolgslogik schafft den konzeptionellen Rahmen, der nun Perspektive für Perspektive mit den Stellhebeln und Messgrössen für eine langfristig erfolgreiche Unternehmensentwicklung angereichert werden kann. Bei dieser Anreicherung mit den wichtigsten Stellhebeln und Messgrössen aus finanzwirtschaftlicher, kunden-, pro-

Stellhebel (Auswahl)	Messgrössen (Auswahl)
Finanzwirtschaftliche Perspektive	
■ Kapitalstrukturoptimierung ■ Reduktion des eingesetzten Kapitals (Desinvestitionen, Liquiditäts-, Forderungsmanagement) ■ Risikomanagement	■ Gesamtkapitalrendite ■ Kapitalkostensatz ■ Liquiditätskennzahlen ■ weitere finanzielle Kennzahlen (z. B. aus Bilanzanalyse)
Kundenorientierte Perspektive	
■ Positionierung des eigenen Leistungsangebotes ■ Zielgruppenspezifische Ausgestaltung des Marketing-Mix (z. B. Preispolitik) ■ Produkt- und Leistungsinnovationen	■ Marktanteil ■ Umsatzkennzahlen (z. B. Umsatzrentabilität) ■ Kundenzufriedenheits-Index (z. B. Reklamationsquote)
Prozessorientierte Perspektive	
■ Massnahmen zur Steigerung der operativen Exzellenz ■ Qualitätsmanagement ■ Prozessoptimierungs- und Kostensenkungsprogramme	■ Produktivitäts- und Wirtschaftlichkeitskennzahlen ■ Durchlaufzeiten ■ Lieferfristen ■ Lagerhaltungskosten ■ Fehlerquoten
Mitarbeiterorientierte Perspektive	
■ Mitarbeiterauswahl und Nachwuchsförderung ■ Art und Weise der Mitarbeiterführung ■ Ausgestaltung von Anreiz- und Belohnungssystemen ■ Aus- und Weiterbildungsmassnahmen	■ Arbeitsproduktivität ■ Mitarbeitermotivation und -zufriedenheit ■ Unternehmenskultur ■ Fluktuationsrate ■ Anzahl Verbesserungsvorschläge pro Mitarbeiter

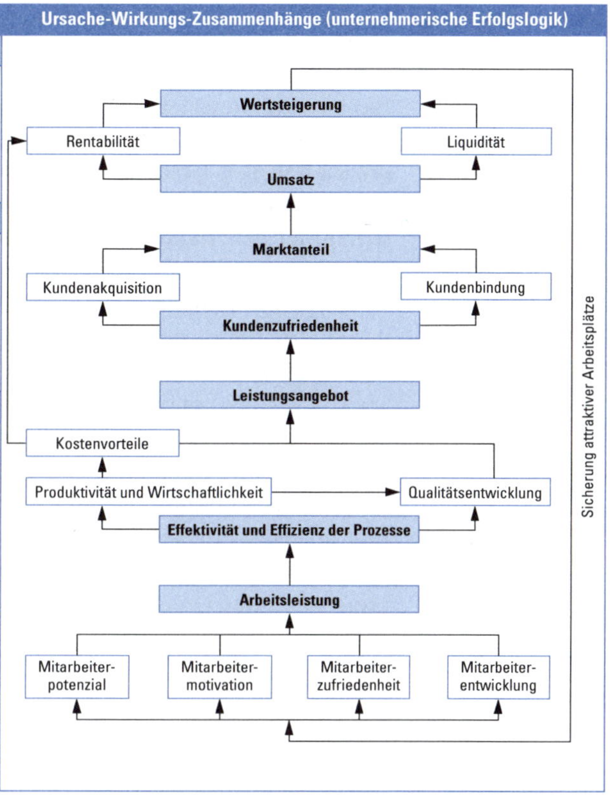

▲ Abb. 10-1 Stellhebel und Messgrössen erfolgreicher Unternehmensführung

zess- und mitarbeiterorientierter Sicht kann auf das erworbene Wissen aus den Kapiteln 5 bis 9 zurückgegriffen werden. Führt man nämlich die Ausführungen zur unternehmerischen Erfolgslogik (Kapitel 2) mit den vertieften Ausführungen zu den einzelnen Perspektiven wertorientierter Unternehmensführung (Kapitel 5 bis 9) zusammen, so lassen sich die zentralen Stellhebel und Messgrössen erfolgreicher Unternehmensführung zusammentragen (◀ Abb. 10-1).

Stellhebel und Messgrössen

Die in ◀ Abb. 10-1 aufgeführten Stellhebel und Messgrössen erfolgreicher Unternehmensführung vermitteln eine allgemeine Übersicht. Im konkreten betrieblichen Alltag sind die einzelnen Stellhebel und Messgrössen durch die Verantwortlichen der jeweiligen Funktionsbereiche (vgl. nochmals Kapitel 4) weiter zu konkretisieren und in ausgereifte Konzepte und Aktionspläne zu überführen. Denjenigen Unternehmen, denen dies im Hinblick auf die Erreichung der strategischen Ziele besser gelingt als der Konkurrenz, haben langfristig die grösste Aussicht auf Erfolg.

10.2 Fazit

Umgang mit Komplexität

Ein Unternehmen ist ein komplexes Gebilde. Die Gründung und Führung eines Unternehmens setzt die Fähigkeit voraus, vernetzt zu denken und die vielfältigen Ursache-Wirkungs-Beziehungen wertorientierter Unternehmensführung zu verstehen. Erfolgreiche Unternehmerinnen und Unternehmer beherrschen die Stellhebel, mit denen sie jeweils passend zur aktuellen unternehmensspezifischen Konstellation den Unternehmenswert steigern können. Sie sind sich dabei bewusst, dass jeder Eingriff in das unternehmerische Geschehen eine ganze Reihe von erwünschten und

Vernetztes Denken

unerwünschten Aus- und Nebenwirkungen auf die Ziel- bzw. Messgrössen sowie Rückkoppelungen haben kann. Sie überlegen sich deshalb stets vor der Einleitung konkreter Massnahmen die zu erwartenden kurz-, mittel- und langfristigen Konsequenzen ihres Tuns und wägen die Chancen und Risiken alternativer Handlungsoptionen sorgfältig gegeneinander ab.

Vorausschauendes Handeln

Erst auf Basis dieser Abwägungen ergreifen sie – richtig dosiert – diejenigen Massnahmen, die zur Erreichung der strategischen Ziele und zur Steigerung des Unternehmenswertes die grösste Hebelwirkung versprechen.

Anhänge

Anhang A: Ausgewählte volkswirtschaftliche Grundlagen

Volkswirtschaftslehre

Die Volkswirtschaftslehre ist ebenso wie die Betriebswirtschaftslehre ein Teilgebiet der Wirtschaftswissenschaften. Während sich die Betriebswirtschaftslehre mit der Gründung und Führung von Unternehmen beschäftigt, hat die Volkswirtschaftslehre die gesamte Wirtschaft zum Gegenstand. Die Volkswirtschaftslehre befasst sich unter anderem damit, wie Märkte funktionieren (Anhang A1), und zeigt auf, wie effizient der Markt als dezentraler Koordinationsmechanismus in einer arbeitsteiligen Wirtschaft funktioniert (Anhang A2). Zudem verdeutlicht die Volkswirtschaftslehre, welche Schwächen der Markt aufweist und in welchen Fällen der Staat zum Wohl seiner Bürgerinnen und Bürger aktiv in das Marktgeschehen eingreifen soll (Anhang A3).

Homo oeconomicus

Die Volkswirtschaftslehre orientiert sich am Menschenbild des Homo oeconomicus. Der Homo oeconomicus charakterisiert einen Menschen, der seine Handlungen allein auf der Basis der ihm vorliegenden Informationen streng rational ausrichtet und seine Entscheidungen vernunftbetont nach dem ökonomischen Prinzip trifft. Der Homo oeconomicus trifft Entscheidungen also immer so, dass er im Hinblick auf sein persönliches Wohlergehen Nutzen und Kosten abwägt und sich für diejenige Alternative entscheidet, die den höchsten Nettonutzen und damit den grösstmöglichen Vorteil erwarten lässt.

A1 Der Markt – Treffpunkt von Angebot und Nachfrage

Angebot und Nachfrage

In einer Volkswirtschaft gibt es Millionen von Akteuren, deren Bedürfnisse koordiniert werden müssen. In marktwirtschaftlich organisierten Volkswirtschaften erfolgt diese Koordination der einzelnen Akteure dezentral über die verschiedenen Märkte (Beschaffungsmarkt, Kapitalmarkt, Arbeitsmarkt, Absatzmarkt etc.). Egal ob wir eine Reise buchen, Lebensmittel einkaufen, Geld anlegen, eine Wohnung mieten oder eine Arbeitsstelle suchen, immer bringt der jeweilige Markt die Anbieter und Nachfrager zusammen und stimmt deren Pläne mittels Preisen aufeinander ab. Der jeweilige Marktpreis entscheidet dabei über die Gütermengen, die von den Anbietern verkauft und von den Nachfragern gekauft werden. In diesem Sinne sind die Summe der Käufe aus Sicht der Nachfrager und die Summe der Verkäufe aus Sicht der Anbieter wie zwei Seiten ein und derselben Medaille.

Preisbildung

Graphisch lässt sich der Koordinationsmechanismus von Angebot und Nachfrage anhand eines Preis-Mengen-Diagramms veranschaulichen. Das Preis-Mengen-Diagramm besteht, wie ▶ Abb. A-1 zeigt, aus einer Preis- und Mengenachse sowie einer Angebots- und Nachfragekurve. Die Angebots- und Nachfragekurven zeigen jeweils die Mengenplanungen von Anbietern und Nachfragern für einen bestimmten Preis. Je höher der Preis für ein Produkt bzw. eine Dienstleistung (in der Volkswirtschaftslehre auch einfach Gut genannt) ist, umso grösser ist das geplante Angebot und umso kleiner die geplante Nachfrage. Die Angebotskurve hat deshalb eine positive und die Nachfragekurve eine negative Steigung. Wie steil die Nachfragekurve verläuft, hängt von der Preiselastizität ab. Sie gibt an, wie stark sich eine Preisänderung eines Produkts oder einer Dienstleistung auf die Nachfrage auswirkt. Je preiselastischer die Nachfrage ist, umso flacher verläuft die Nachfragekurve. Das heisst, bei hoher Preiselastizität der Nachfrage (z.B. bei Gütern, die oft mit Rabatten beworben werden) haben bereits kleine Preisänderungen grosse Auswirkungen auf die Nachfrage. Ist die Preiselastizität hingegen niedrig (z.B. bei lebensnotwendigen Gütern wie Grundnahrungsmitteln und Medikamenten), dann ändert sich die nachgefragte Menge bei Preisänderungen verhältnismässig wenig. Die Nachfragekurve hat entsprechend bei preisunempfindlichen Gütern einen steilen Verlauf.

Solange geplantes Angebot und geplante Nachfrage noch nicht übereinstimmen, sprich entweder ein Angebots- oder ein Nachfrageüberhang besteht, herrscht auf einem funktionierenden Markt ein instabiles Ungleichgewicht. Im Falle eines Nachfrageüberhangs würden die Nachfra-

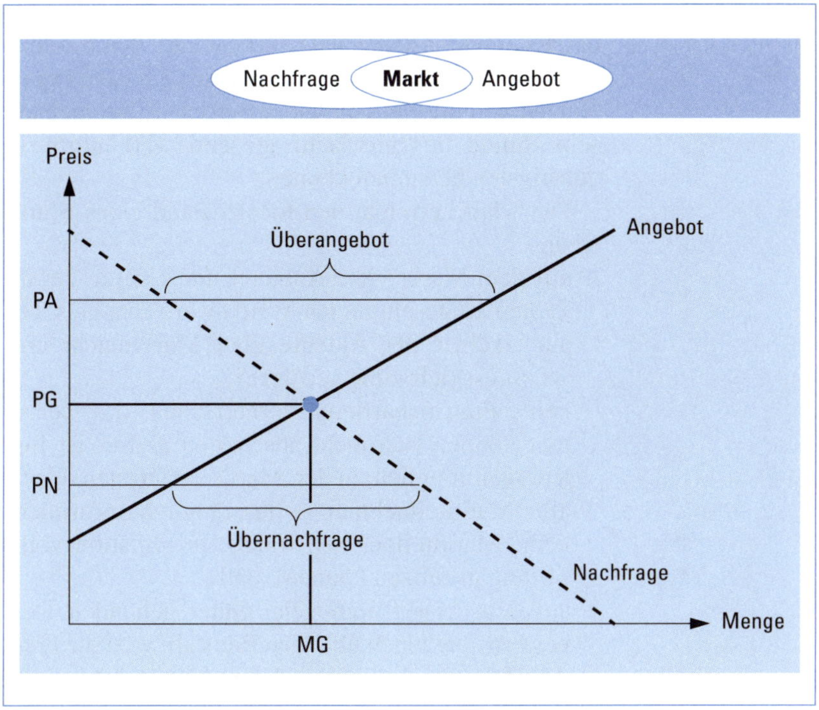

Abb. A-1 Preisbildung: Angebot und Nachfrage im Preis-Mengen-Diagramm

ger zum vorgesehenen Preis (P_N) mehr kaufen, als zu diesem Preis von den Verkäufern angeboten wird. Unter den Bedingungen der vollkommenen Konkurrenz führt in der Folge diese Übernachfrage aufgrund der Angebotsknappheit zu Preiserhöhungen durch die Anbieter. Umgekehrt ist die Situation eines Angebotsüberhangs. In diesem Fall können bestimmte Anbieter ihre Produkte und Dienstleistungen nicht verkaufen, weil die Nachfrage zum vorgeschlagenen Preis (P_A) zu gering ist. Die Lagerbestände nehmen als Folge davon zu, was bei funktionierendem Wettbewerb Preissenkungen und damit eine Angebotsreduktion auslösen wird. Dies ist so lange der Fall, bis das geplante Angebot bei einem bestimmten Preis mit der geplanten Nachfrage übereinstimmt, sprich bis sich ein Preis im Schnittpunkt der Angebots- und Nachfragekurve einstellt. Bei diesem Schnittpunkt herrscht ein Marktgleichgewicht. Alle Anbieter, die beim entsprechenden Gleichgewichtspreis (P_G) produzieren wollen, können ihre Güter auch absetzen. Umgekehrt können alle Nachfrager, die bereit sind, für das entsprechende Gut den Gleichgewichtspreis oder mehr zu bezahlen, auch kaufen.

Gleichgewichtspreis

Marktgleichgewicht

Das Marktgleichgewicht stellt die effizienteste Verteilung der Güter dar. Es maximiert den Nutzen (Gewinn), den Käufer und Verkäufer erzielen. Einerseits werden die Güter jenen Käufern zugeteilt, die den grössten Nutzen von diesem Gut haben, sprich es am meisten schätzen. Andererseits kommt die Güternachfrage jenen Verkäufern zugute, die das Gut am günstigsten herstellen können.

Der Markt erreicht den Idealzustand eines Marktgleichgewichts nur, wenn

- auf dem Markt viele Anbieter und Nachfrager auftreten (d.h. es gibt keinen eingeschränkten Wettbewerb mangels Teilnehmenden, womit auch keiner der Akteure über Marktmacht und damit über Preissetzungsspielräume verfügt),
- keine Eintrittsbarrieren vorherrschen (d.h. bestehende Marktteilnehmer können sich nicht abschotten und es ist für neue Wettbewerber jederzeit möglich, in den Markt einzutreten oder diesen zu verlassen),
- alle Marktteilnehmer vollumfänglich informiert sind (d.h. es gibt keine Marktteilnehmer, welche Informationsvorsprünge zum eigenen Vorteil ausnutzen können), und
- auf dem Markt homogene Güter gehandelt werden (d.h. der Wettbewerb spielt sich über den Preis ab, weil die Güter der verschiedenen Anbieter gleichwertig und damit austauschbar sind).

Vollkommene Konkurrenz

Wenn diese Voraussetzungen auf einem Markt erfüllt sind, spricht man von vollkommener Konkurrenz. Je stärker die reale Marktsituation diesen Annahmen entspricht (z B. bei Gütern, die über eine Börse gehandelt werden), desto eher kommen die dynamischen, innovationsfördernden Marktmechanismen zum Tragen.

A2 Der Wettbewerb – Antrieb für innovatives Handeln

Markt als «unsichtbare Hand»

In Anhang A1 wurde der Preisbildungsprozess auf Märkten unter Wettbewerbsbedingungen in seinen Grundzügen dargestellt. Wie ersichtlich wurde, sorgt der Markt bei vollkommener Konkurrenz quasi als «unsichtbare Hand» für eine schrittweise Annäherung der unabhängigen Pläne von Anbietern und Nachfragern. Bei vollkommener Konkurrenz und damit funktionierendem Wettbewerb tendieren Angebot und Nachfrage zu einem Marktgleichgewicht. Bei diesem Marktgleichgewicht erzielen die einzelnen Anbieter im Modell keinen Gewinn mehr. Dies deshalb, weil die Anbieter auf einem Markt mit vollkommener Konkurrenz im ständigen Wettbewerb mit anderen Anbietern stehen und damit gezwungen sind, ihre Produkte bzw. Dienstleistungen zum niedrigstmöglichen Preis anzubieten; denn solange es Anbieter gibt, die Gewinne erzielen, werden auch andere Unternehmen versuchen, sich in diesem Markt zu etablieren. Das dadurch entstehende Überangebot führt zu einem Verdrängungswettbewerb, bei dem mit der Zeit laufend diejenigen Anbieter aus dem Markt ausscheiden, die nicht konkurrenzfähig sind (z.B. mangels operativer Exzellenz) und zum laufend sinkenden Marktpreis ihre Kosten im betrieblichen Wertschöpfungsprozess nicht mehr decken können. Dieser Bereinigungsprozess dauert bei vollständig funktionierendem Wettbewerb theoretisch so lange an, bis beim Marktgleichgewicht lediglich noch diejenigen Anbieter mit den geringsten Herstellkosten auf dem Markt übrig bleiben; die Herstellkosten dieser Anbieter sind mit dem Gleichgewichtspreis gerade noch gedeckt.

Innovation

Effizienzsteigerung

Der intensive Wettbewerb unter den Anbietern bei vollkommener Konkurrenz treibt die einzelnen Anbieter zu innovativem Handeln und ständiger Effizienzsteigerung im betrieblichen Wertschöpfungsprozess. Er hält die Unternehmen als Anbieter von Produkten und Dienstleistungen an, bedarfsgerecht und zu den tiefstmöglichen Kosten zu produzieren und sich kundenorientiert an veränderte Bedürfnisse der Nachfrager anzupassen. In diesem Sinn wirkt der Markt unter den Rahmenbedingungen des vollkommenen Wettbewerbs als schöpferische Kraft. Er treibt die Unternehmen an, die eigene Leistungsfähigkeit fortlaufend zu verbessern und ständig nach technischen und organisatorischen Fortschritten und neuen Problemlösungen zu suchen. Ein idealtypisch funktionierender Wettbewerb veranlasst die Marktteilnehmer zu einem Verhalten, das für die Gesellschaft insgesamt zur bestmöglichen Güterversorgung und damit zu hohem Wohlstand führt. Das einzelne Unternehmen wird strategisch versuchen, sich über betriebswirtschaftliche Differenzierungsansätze von den Konkurrenten zu unterscheiden und damit dem Preiswettbewerb zu entkommen. Gelingt dies, spricht man von einem sogenannten monopolistischen Spielraum der Preisgestaltung (d.h. für Coca-Cola kann beispielsweise ein höherer Preis als für ein unbekanntes Colagetränk verlangt werden).

A3 Der Staat – Anwalt des Gemeinwohls

Ein Markt mit vollkommenem Wettbewerb ist eine Idealvorstellung. In der Praxis treffen die Voraussetzungen, welche den bisherigen Ausführungen zu Märkten unter vollkommenen Konkurrenzbedingungen zugrunde liegen, nicht immer zu. Der Marktmechanismus kann unter bestimmten Bedingungen unvollkommen sein und zu gesellschaftlich unerwünschten Nebeneffekten führen. Die Fälle, in denen die «unsichtbare Hand» nicht zum angestrebten Idealzustand führt, werden als Marktversagen bezeichnet. Marktversagen sind Fehlleistungen des marktwirtschaftlichen Koordinationsmechanismus, welche die bestmögliche Verwendung der knappen Ressourcen verhindern und innerhalb einer Gesellschaft zu Wohlstandsverlusten führen. Sie stellen Gründe für das korrigierende Eingreifen des Staates (sprich der öffentlichen Hand) in das Marktgeschehen dar; denn zu den grundlegenden regulatorischen Aufgaben des Staates gehört es, den Wettbewerb auf den Märkten funktionsfähig zu erhalten.

Marktversagen

Arten von Marktversagen

In der Realität gibt es verschiedene Arten von Marktversagen. Im Folgenden sollen exemplarisch drei typische Beispiele von Marktversagen geschildert werden:

Preis- und Mengenabsprachen

- Marktversagen liegt beispielsweise vor, wenn es Anbietern gelingt, Preis- und Mengenabsprachen vorzunehmen, Kartelle zu bilden oder den Markteintritt für neue Wettbewerber zu erschweren. Gemeinsam ist solchen Massnahmen, dass sie den bestehenden Anbietern zu Marktmacht verhelfen und dadurch überdurchschnittliche Profite «auf dem Buckel anderer» ermöglichen. Die erzielten Gewinne werden nicht durch Innovationen und eine Steigerung der Effizienz und damit Leistungsfähigkeit, sondern durch Wettbewerbsbeschränkungen bzw. -behinderungen erzielt. Dies hat zur Folge, dass der Wohlstand einer Minderheit (z.B. der Kartell-Mitglieder oder eines Monopolisten) auf Kosten einer Mehrheit (z.B. Käufer dieser Güter) wächst, was volkswirtschaftlich ineffizient und damit unerwünscht ist.

Externe Effekte

- Ebenfalls von einem Marktversagen spricht man, wenn nicht alle Kosten, die im betrieblichen Wertschöpfungsprozess anfallen, vom Verursacher getragen werden. Es liegen sogenannt externe Effekte (Nebenwirkungen) vor. Ein externer Effekt tritt mit anderen Worten auf, wenn ein Marktteilnehmer durch seine Handlungen die Wohlfahrt eines Dritten beeinflusst, ohne dass der Nutzniesser dafür bezahlen muss oder der Geschädigte eine Entschädigung erhält. Ist dabei der

Einfluss auf Dritte nachteilig, dann liegt ein negativer externer Effekt vor. Dies ist beispielsweise der Fall, wenn jemand an einer Autobahn wohnt und von den Autofahrern durch Lärm und verschmutzte Luft belästigt wird, ohne dass die Verursacher für die entstehenden Kosten aufkommen müssen. Ist hingegen der Einfluss auf Dritte vorteilhaft, dann liegt ein positiver externer Effekt vor. Ein positiver externer Effekt würde beispielsweise existieren, wenn ein Pharmakonzern für die Entwicklung neuer Medikamente Millionen von Franken in die Forschung investieren würde und anschliessend alle Konkurrenten mangels Patentschutz die Forschungserkenntnisse für die eigene Produktentwicklung kostenlos nutzen könnten. Aufgrund fehlender Preise für externe Effekte werden Tätigkeiten, die einen negativen externen Effekt verursachen, ohne staatliche Eingriffe in zu hohem Mass, und Tätigkeiten, die einen positiven externen Effekt verursachen, in zu geringem Mass durchgeführt.

Öffentliche Güter

- Von Marktversagen spricht man auch, wenn der freie Markt ein Gut wie beispielsweise die innere und äussere Sicherheit, die Rechtsprechung oder die öffentliche Infrastruktur (Transport, Kommunikation etc.) nicht bereitstellt, obwohl dies von der Gesellschaft durchaus erwünscht wäre. Bei solchen sogenannten öffentlichen Gütern versagt der marktwirtschaftliche Koordinationsmechanismus, weshalb sie in angemessenem Umfang durch den Staat bereitzustellen sind. Dies deshalb, weil nur der Staat durch Organisationen wie die Polizei oder die Justiz Freiheit oder Eigentum garantieren kann. Die Finanzierung solcher öffentlichen Leistungen erfolgt, im Gegensatz zu privaten Gütern, nicht über den Preis, sondern über allgemeine Steuern und Abgaben (z.B. Gebühren).

Soziale Marktwirtschaft

In einer sozialen Marktwirtschaft kommt dem Staat die wichtige wettbewerbs- und umweltpolitische Aufgabe zu, Marktversagen zu verhindern. Konkret bedeutet dies, dass der Staat beispielsweise mittels Gesetzgebung (z.B. Kartellgesetz) die Kartell- und Monopolbildung verhindert und so die Funktionsfähigkeit des Wettbewerbs sichert. Ebenso sollte der Staat dafür sorgen, dass Verursachern von negativen externen Effekten Steuern (z.B. Umwelt- oder Energiesteuern) oder Gebühren (z.B. Kehrichtsackgebühr) auferlegt werden. Zudem erstellt der Staat in einer sozialen Marktwirtschaft öffentliche Güter wie Sicherheit oder Rechtsprechung in eigener Regie und versorgt damit die Bürgerinnen und Bürger.

Rolle des Staates

Die Rolle des Staates besteht aber nicht nur darin, durch wettbewerbs- und umweltpolitische Massnahmen gegen Marktversagen und damit Ineffizienzen des Marktsystems vorzugehen. In einer sozialen Marktwirtschaft ist es ebenso Aufgabe des Staates, Instabilität und Inhumanität der Marktwirtschaft zu verhindern.

Instabilität wird verhindert, wenn es dem Staat durch konjunkturpolitische Massnahmen wie beispielsweise eine Erhöhung bzw. Senkung der Staatsausgaben bzw. der Steuerbelastung oder eine restriktive bzw. expansive Geld- bzw. Fiskalpolitik gelingt, Arbeitslosigkeit und Inflation zu bekämpfen und stetiges und angemessenes Wirtschaftswachstum zu fördern. So wird der Staat zum Beispiel in Zeiten der Rezession (d.h. wenn das Wirtschaftswachstum – gemessen am Bruttoinlandprodukt [BIP] als Hauptindikator – in zwei aufeinanderfolgenden Quartalen negativ ist) versuchen, die Wirtschaft zu stabilisieren, indem er seine Investitionsausgaben erhöht und/oder die Steuern senkt, um die private Nachfrage zu stimulieren.

Inhumanität wird verhindert, indem der Staat durch sozialpolitische Massnahmen jenen Menschen hilft, die von der Marktwirtschaft nicht oder nur beschränkt profitieren können oder von dieser geschädigt würden (z.B. Kinderarbeit). Zu diesem Zweck erhebt die öffentliche Hand beispielsweise progressive Steuern für eine gerechte(re) Einkommens- und Vermögensverteilung unter der Bevölkerung oder ergreift Aktivitäten wie Sozialhilfe etc. zum Schutz benachteiligter gesellschaftlicher Gruppen (Invalide, Arbeitslose etc.) sowie zur Armutsbekämpfung. Solche sozialpolitischen Massnahmen sind nicht zuletzt deshalb eine staatliche Aufgabe, weil eine auch noch so effiziente Marktwirtschaft von den Bürgerinnen und Bürgern nur dann akzeptiert wird, wenn die ökonomischen und gesellschaftlichen Konsequenzen als sozial gerecht empfunden werden.

Alles in allem lassen sich die vielfältigen wettbewerbs-, umwelt-, konjunktur- und sozialpolitischen Ziele und Aufgabenfelder des Staates in einer sozialen Marktwirtschaft auch in Form eines magischen Sechsecks zusammenfassen (▶ Abb. A-2). Als magisch wird dieses Sechseck deshalb bezeichnet, weil nur ein Magier alle Ziele gleichzeitig erfüllen könnte. Dies deshalb, weil die Massnahmen des Staates, die ergriffen werden, um eines der Ziele wie Vollbeschäftigung, Preisstabilität, aussenwirtschaftliches Gleichgewicht, Wirtschaftswachstum, sozialer Ausgleich und Umweltqualität zu erreichen, oft ein anderes behindern. So können beispielsweise staatliche Impulsprogramme in einer rezessiven Phase kurzfristig die Arbeitslosigkeit senken, sie können aber langfristig auch das wirtschaftliche Wachstum beeinträchtigen. Oder die Öffnung der Grenzen kann das Wirtschaftswachstum fördern, jedoch auch einen Anstieg der Arbeitslosigkeit im Inland bewirken. Welche Ziele die öffentliche Hand innerhalb des magischen Sechsecks stärker verfolgt, hängt vom politischen Auftrag ab, den Parlament und Regierung von den

Magisches Sechseck

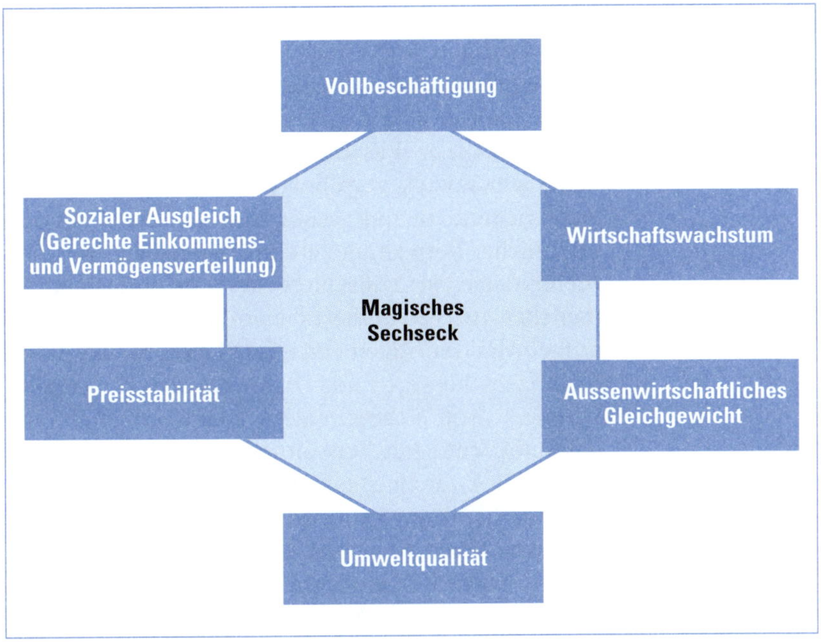

▲ Abb. A-2 Magisches Sechseck der wirtschaftspolitischen Ziele

Wählerinnen und Wählern und damit der Gesellschaft erhalten. Je nach politischen Machtverhältnissen (Parteistärken im Parlament als Ergebnis demokratischer Wahlen) bedeutet dies, dass die Massnahmen des Staates eher in Richtung Regulierung oder Deregulierung der staatlichen Wirtschaftsaktivität, Liberalisierung oder Protektionismus bei den internationalen Wirtschaftsbeziehungen, Reduktion oder Ausdehnung des sozialen Netzes, aktiver Umweltschutz oder passive Erhaltung der Umwelt, vermehrte oder geringere Einkommens- und Vermögensumverteilung über das Steuersystem etc. tendieren.

Staatliche Eingriffe in den freien Markt

Die grosse Herausforderung bei den Eingriffen des Staates in die Marktwirtschaft besteht insgesamt darin, die richtige Balance zu finden. Zu viele staatliche Eingriffe in den freien Markt können den Strukturwandel hemmen, die Innovationskraft beeinträchtigen und die Leistungsbereitschaft des Einzelnen mindern. Zu wenig Eingriffe können zu einer instabilen Konjunktur, sozialen Spannungen, Umweltverschmutzung etc. führen. Damit kommt ein der sozialen Marktwirtschaft innewohnendes Dilemma zum Vorschein. Einerseits lassen unerwünschte Fälle von Marktversagen, die Gewährleistung ökonomischer Stabilität und das Austarieren von sozialer Ungleichheit den Ruf nach «mehr Staat» laut werden. Andererseits ist der Staat nicht immer in der Lage, diese Pro-

Staatsversagen

bleme zu lösen bzw. schafft sogar neue Probleme. Diese Fälle werden als Staatsversagen bezeichnet. Dazu zählen beispielsweise suboptimale politische Entscheidungen, weil Politiker (wie viele andere Menschen auch) gemäss dem Modell des Homo oeconomicus primär an ihrem Eigennutz (z.B. Wiederwahl) interessiert sind, statt sich ausschliesslich dem Gemeinwohl verpflichtet zu fühlen. Setzen sich Lobbyisten durch zielgerichtete Beeinflussung von Entscheidungsträgern in Politik und öffentlicher Verwaltung durch, werden dann beispielsweise Steuergelder für regionale Partikulärinteressen oder zum Schutz einzelner Wirtschaftsbranchen (wie etwa die Landwirtschaft) eingesetzt, welche keineswegs immer Marktversagen korrigieren oder soziale Ungleichheiten beheben. Staatliches Versagen liegt zudem auch vor, wenn durch staatliche Regulierungen von suboptimalem Marktverhalten ein unverhältnismässig grosser öffentlicher Verwaltungs- und Behördenapparat aufgebaut wird. Gute Politik zeichnet sich deshalb durch ein sorgfältiges Ausbalancieren der verschiedenen Interessen im politischen Diskurs und wohlüberlegte staatliche Eingriffe ins Marktgeschehen aus. Guter Wirtschaftspolitik gelingt es, sowohl Marktversagen als auch Staatsversagen durch eine optimale Dosierung der Massnahmen der öffentlichen Hand zu verhindern und gleichzeitig die Wohlfahrt und den Wohlstand der Bevölkerung zu mehren.

Anhang B: Ausgewählte Rechtsformen im Überblick

Jedes Unternehmen hat eine rechtliche Struktur. Mit dieser werden die rechtlichen Beziehungen gegenüber den einzelnen Anspruchsgruppen geregelt und gleichzeitig die Grundstrukturen der eigenen Organisation gelegt.

Im Interesse der Rechtssicherheit als bedeutendes öffentliches Gut schreibt die Rechtsordnung eines Landes die Rechtsformen, die für ein Unternehmen gewählt werden können, vor. In der Schweiz werden diese Rechtsformen im Obligationenrecht (OR) abschliessend geregelt. Viele der darin aufgeführten gesetzlichen Vorschriften haben zwingenden Charakter. Dies bedeutet, dass diese rechtlichen Bestimmungen durch die beteiligten Parteien nicht abgeändert werden dürfen. Auf diese Weise können sich Geschäftspartner, die mit einem bestimmten Unternehmen in Verbindung treten, auf allgemeingültige Eigenschaften dieses Unternehmens verlassen, ohne genauere Nachforschungen betreiben zu müssen (so ist beispielsweise für jede Rechtsform geregelt, wer in welcher Weise für welche Handlungen und Schulden haftet).

Obligationenrecht

Bezüglich der möglichen Rechtsformen eines Unternehmens ist zunächst einmal zwischen einem Einzelunternehmen und einer Gesellschaft zu unterscheiden. Bei einem Einzelunternehmen ist eine einzige Person Eigentümerin des Unternehmens. Diese Person stellt dem Unternehmen das gesamte Eigenkapital zur Verfügung, trägt die Verantwortung allein und haftet für die Verbindlichkeiten des Unternehmens unbeschränkt, d.h. mit dem ganzen Geschäfts- und Privatvermögen. Eine Gesellschaft ist demgegenüber eine vertraglich begründete und der gemeinsamen Verfolgung eines bestimmten Zwecks dienende Vereinigung von zwei oder mehreren Personen. Gesellschaften lassen sich weiter in Personen- und Kapitalgesellschaften unterteilen. Eine Personengesellschaft hat keine eigene Rechtspersönlichkeit. Vielmehr sind die einzelnen Mitglieder die Rechtsträger, die beim Abschliessen von Verträgen unmittelbar berechtigt und verpflichtet werden. Zu den Personengesellschaften zählen die Kollektiv- und die Kommanditgesellschaft. Eine Kapitalgesellschaft verfügt demgegenüber über eine eigene Rechtspersönlichkeit sowohl gegenüber Dritten als auch gegenüber den Mitgliedern. Eine Kapitalgesellschaft ist eine sogenannte juristische Person, d.h. sie ist direkt Trägerin von Rechten und Pflichten und kann damit zum Beispiel Verträge abschliessen, vor Gericht klagen und beklagt werden. Zu den reinen Kapitalgesellschaften zählen die Aktiengesellschaft (AG) und die Gesellschaft mit beschränkter Haftung (GmbH). Im Gegensatz zu Perso-

Rechtsformen eines Unternehmens

	Einzelunternehmen	Aktiengesellschaft (AG)	Gesellschaft mit beschränkter Haftung (GmbH)
Anzahl Gründer	Mind. 1 Person (natürliche Person) als alleiniger Inhaber	Mind. 1 Aktionär (natürliche oder juristische Person)	Mind. 1 Gesellschafter (natürliche oder juristische Person)
Formvorschriften	Keine	Statuten, Gründungsurkunde	Statuten, Gründungsurkunde
Firmenname	Familienname des Inhabers (mit oder ohne Vorname), Zusätze möglich	Personen-, Sach- oder Fantasiebezeichnung, immer mit Zusatz AG	Personen-, Sach- oder Fantasiebezeichnung, immer mit Zusatz GmbH
Grundkapital	Keines notwendig	Mind. CHF 100 000.–	Mind. CHF 20 000.–
Rechtspersönlichkeit	Keine eigene Rechtspersönlichkeit	Juristische Person	Juristische Person
Haftung	Persönlich, unbeschränkt mit dem gesamten Geschäfts- und Privatvermögen	Gesellschaftsvermögen	Gesellschaftsvermögen
Organe	Keine Organe vorgeschrieben	Generalversammlung, Verwaltungsrat, Revisionsstelle (i.d.R.)	Generalversammlung, Geschäftsführer, Revisionsstelle (i.d.R.)
Besteuerung	Inhaber für gesamtes Einkommen und Vermögen aus geschäftlichem und privatem Bereich	Gesellschaft für Gewinn und Kapital Aktionär für Aktien als Vermögen und auf Dividenden als Einkommen	Gesellschaft für Gewinn und Kapital Gesellschafter für Anteile als Vermögen und für verteilte Gewinne als Einkommen
Eignung	Für kleinere Geschäfte, deren Markt- und Produktziele mit geringen Risiken erfüllbar sind und bei denen die Person des Unternehmers im Vordergrund steht	Geeignet für fast alle Arten gewinnorientierter Unternehmen	Geeignet für kleinere und mittlere, stark personenbezogene Unternehmen, die die Haftung beschränken möchten

▲ Abb. A-3 Ausgewählte Rechtsformen im Vergleich

nengesellschaften haften die Gesellschafter von Kapitalgesellschaften nicht persönlich, sondern nur mit ihrer Kapitaleinlage und müssen nicht zwangsläufig in der Geschäftsführung tätig sein.

Wahl der passenden Rechtsform

Die Wahl der passenden Rechtsform ist ein wichtiger Entscheid, der genau überlegt sein will. Die in der Schweiz mit Abstand am häufigsten gewählten Rechtsformen sind das Einzelunternehmen, die Aktiengesellschaft und die Gesellschaft mit beschränkter Haftung. Diese drei Rechtsformen werden einander in ◄ Abb. A-3 gegenübergestellt und anhand der wichtigsten Unterscheidungskriterien miteinander verglichen.

Quellenverzeichnis

Das vorliegende Buch profitierte stark von Gedanken anderer Autorinnen und Autoren, von denen einige Überlegungen und Formulierungen direkt in dieses Lehrmittel eingeflossen sind. Zudem wurde beim Verfassen des Lehrmittels auf verschiedene Internet-Quellen zurückgegriffen. Das Quellenverzeichnis gibt an, auf welchen Büchern und Fachartikeln die Ausführungen in den einzelnen Kapiteln basieren.

Bleicher, K. (2011): *Das Konzept Integriertes Management. Visionen – Missionen – Programme* (8. Auflage). Frankfurt/New York: Campus.

Boemle, M./Stolz, C. (2010/2012): *Unternehmungsfinanzierung* (14. Auflage). Band 1: Grundlagen und Kapitalbeschaffung. Band 2: Langfristige Fremdfinanzierung, Besondere Finanzierungsanlässe, Unternehmensbewertung. Zürich: SKV.

Dörner, D. (2003). *Die Logik des Misslingens. Strategisches Denken in komplexen Situationen.* Hamburg: Rowohlt.

Drucker, P. (1998). *Die Praxis des Managements. Ein Leitfaden für die Führungsaufgaben in der modernen Wirtschaft.* Düsseldorf: Econ.

Dubs, R. (1990). *Einführung in die Betriebswirtschaftslehre* (2. Auflage). Bern: Schweizerische Volksbank.

Füermann, T. & Dammasch, C. (2008). *Prozessmanagement: Anleitung zur ständigen Prozessverbesserung* (3. Auflage). München: Carl Hanser Verlag.

Gaitanides, M. (2012). *Prozessorganisation: Entwicklung, Ansätze und Programme des Managements von Geschäftsprozessen* (3. Auflage). München: Vahlen.

Gmür, M. & Thommen, J.-P. (2014): *Human Resource Management. Strategien und Instrumente für Führungskräfte und das Personalmanagement in 14 Bausteinen* (4. Auflage). Zürich: Versus.

Gomez, P. (1999). *Wertmanagement.* Düsseldorf: Econ.

Gomez, P. & Probst, G. (1987). *Vernetztes Denken im Management.* Bern: Schweizerische Volksbank (Die Orientierung Nr. 89).

Hilb, M. (2011): *Integriertes Personal-Management. Ziele – Strategien – Instrumente* (20. Auflage). Köln: Wolters Kluwer.

Hinterhuber, H.H. (2015). *Strategische Unternehmensführung. Das Gesamtmodell für nachhaltige Wertsteigerung* (9. Auflage). Berlin: Erich Schmidt Verlag.

Honegger, J. & Vettiger, H. (2003). *Ganzheitliches Management in der Praxis.* Zürich: Versus.

Jarillo, J.-C. (2012). *Strategische Logik. Die Quellen der langfristigen Unternehmensrentabililtät.* Wiesbaden: Gabler.

Kaplan, R.S. & Norton, D.P. (1996). *The Balanced Scorecard. Translating Strategy into Action.* Boston: Harvard Business School Press.

Kaplan, R.S. & Norton, D.P. (2004). *Strategy Maps. Der Weg von immateriellen Werten zu materiellem Erfolg.* Stuttgart: Schäffer-Poeschel.

Kotler, P. & Keller, K.L. (2012). *Marketing Management* (14. Auflage). New Jersey: Prentice Hall.

Kühn, R. & Fuhrer, U. (2016). *Marketing. Analyse und Strategie* (15. Auflage). Zürich: Werd Verlag.

Lombriser, R. & Abplanalp, P.A. (2015): *Strategisches Management. Visionen entwickeln, Erfolgspotenziale aufbauen, Strategien umsetzen* (6. Auflage). Zürich: Versus.

Malik, F. (2014). *Führen, leisten, leben. Wirksames Management für eine neue Welt.* Frankfurt/New York: Campus.

Meffert, H., Burmann, Ch. & Kirchgeorg, M. (2015): *Marketing. Grundlagen marktorientierter Unternehmensführung: Konzepte – Instrumente – Praxisbeispiele* (12. Auflage). Wiesbaden: Springer Gabler.

Mintzberg, H. (1991). *Mintzberg über Management. Führung und Organisation, Mythos und Realität.* Wiesbaden: Gabler.

Mintzberg, H., Ahlstrand, B. & Lampel, J. (2012). *Strategy Safari. Der Wegweiser durch den Dschungel des strategischen Managements* (2. Auflage). München: FinanzBuch Verlag.

Müller-Stewens, G. & Lechner, Ch. (2015): *Strategisches Management. Wie strategische Initiativen zum Wandel führen* (5. Auflage). Stuttgart: Schäffer-Poeschel.

Porter, M.E. (2013): *Wettbewerbsstrategie. Methoden zur Analyse von Branchen und Konkurrenten* (12. Auflage). Frankfurt/New York: Campus.

Porter, M.E. (2014): *Wettbewerbsvorteile. Spitzenleistungen erreichen und behaupten* (8. Auflage). Frankfurt/New York: Campus.

Prahalad, C. & Hamel, G. (1991). Nur Kernkompetenzen sichern das Überleben. In: *Harvard Manager,* 13, 2/99, S. 66 – 78.

Pümpin, C. & Amann, W. (2005). *SEP – Strategische Erfolgspositionen. Kernkompetenzen aufbauen und umsetzen.* Bern: Haupt.

Rappaport, A. (1986). *Creating Shareholder Value. The New Standard for Business Performance.* New York: Free Press.

Rappaport, A. (1998). *Creating Shareholder Value. A Guide for Managers and Investors.* New York: Free Press.

Rüegg-Stürm, J. & Grand, S. (2014): *Das St. Galler Management-Modell. 4. Generation – Einführung* (2. Auflage). Bern: Haupt.

Seiler, A. (1999). *Financial Management. BWL in der Praxis II.* Zürich: Orell Füssli.

Seiler, A. (2000). *Marketing. BWL in der Praxis IV.* Zürich: Orell Füssli.

Ulrich, H. (2001). *Systemorientiertes Management. Gesammeltes Werk in 5 Bänden.* Bern: Haupt.

Ulrich, H. & Probst, G.J. (1995). *Anleitung zum ganzheitlichen Denken und Handeln. Ein Brevier für Führungskräfte.* Bern: Haupt.

Vester, F. (2002). *Die Kunst, vernetzt zu denken. Ideen und Werkzeuge für einen neuen Umgang mit Komplexität.* München: dtv.

Volkart, R. (1998). *Finanzmanagement. Beiträge zu Theorie und Praxis* (Band I und II; 7. Auflage). Zürich: Versus.

Volkart, R. & Wagner, A.F. (2014): *Corporate Finance. Grundlagen von Finanzierung und Investition* (6. Auflage). Zürich: Versus.

Waibel, R. & Käppeli, M. (2015). *Betriebswirtschaft für Führungskräfte. Die Erfolgslogik des unternehmerischen Denkens und Handelns* (5. Auflage). Zürich: Versus.

Stichwortverzeichnis

Q

R

S

W

Z

Autor

Michael Käppeli, Dr. oec. HSG, ist seit 2008 Geschäftsführer des ETH-Rates. Zuvor lehrte er von 1998 bis 2007 als Professor für Betriebswirtschaft und Unternehmensführung an der Fachhochschule St. Gallen und leitete an dieser Hochschule von 2001 bis 2007 das Departement Wirtschaft (School of Management). Zwischen 1997 und 2001 war er zudem Lehrbeauftragter und Projektleiter an der Universität St. Gallen (HSG). Michael Käppeli ist Stiftungsrat der Ernst Schmidheiny Stiftung und Mitglied verschiedener nationaler und internationaler Expertenkommissionen. Er verfügt über breite Lehr-, Forschungs-, Führungs- und Beratungserfahrung.